家庭教育专业品牌

女儿，你该如何保护自己

潘丽杰 著

朝华出版社
BLOSSOM PRESS

图书在版编目（CIP）数据

女儿，你该如何保护自己/潘丽杰著．—北京：
朝华出版社，2017.7（2019.6 重印）

ISBN 978-7-5054-4001-2

Ⅰ．①女…　Ⅱ．①潘…　Ⅲ．①女性－安全教育－青少
年读物　Ⅳ．① X956-49

中国版本图书馆 CIP 数据核字（2017）第 135244 号

女儿，你该如何保护自己

作　　者　潘丽杰

选题策划　艺良教育 付春琳
责任编辑　赵　曼
特约编辑　王红静
责任印制　张文东　陆竞赢
封面设计　叔冰设计工作室

出版发行　朝华出版社
社　　址　北京市西城区百万庄大街 24 号　　　邮政编码　100037
订购电话　（010）68413840　68996050
传　　真　（010）88415258（发行部）
联系版权　j-yn@163.com
网　　址　http://zhcb.cipg.org.cn
印　　刷　北京墨阁印刷有限公司
经　　销　全国新华书店
开　　本　710mm×1000mm　1/16　　　字　　数　170 千字
印　　张　14
版　　次　2017 年 7 月第 1 版　2019 年 6 月第 5 次印刷
装　　别　平
书　　号　ISBN 978-7-5054-4001-2
定　　价　35.80 元

推荐序一

我们知道，每个孩子都是父母的心肝宝贝，每个女儿都是父母的掌上明珠。父母对孩子的健康成长，也许从孩子孕育的那天就开始了。

小时候，父母总会不厌其烦地叮嘱我们注意安全，而我们总觉得危险不会发生在自己身上。长大后，发现世界并没有我们想象中的简单，当然也绝没有我们想象中的那么凶险与黑暗。

身为女性，回过头来再看自己的成长历程，虽然时代不同，环境不同，但成长的过程是相似的。从害羞的小公主蜕变成青春美少女，再到职业女性，我深深地明白了这样的道理：自我保护的意识和行动是多么的重要！

无论你在成长道路上遇到什么样的诱惑与伤害，第一时间能保护你的，只有你自己。因为，父母、老师或是其他你最亲近的人，都无法与你一辈子寸步不离。

近年来，每当听到女孩子因各种各样的原因，受到侵袭甚至遇害的消息时，我总是揪心不已。我认为作为父母，爱孩子的最好方式，就是要教会他们如何保护自己。不被甜言蜜语所迷惑，不被小恩小惠所蒙蔽，做一个骄傲的、有主见的小公主，做一个有内涵、不盲从的孩子。只有自尊、自爱、自信的孩子，才是最美的！最棒的！

正如丽杰在书中前言里所说的那样："你可以没有洪荒之力，但我希望你有保护自己的智慧。只有保护好自己，你才能享受舒心的校园生活，才能应对复杂多变的社会环境，才能走过美丽的青春年华，才能让自己的生命之花开得更美、更娇艳！"

丽杰做过多年学前教育及出版工作，经常看她在朋友圈晒和她女儿有关的场景。这次她的新书《女儿，你该如何保护自己》就是她从一位资深教育专家、爱女儿的母亲、曾经的美少女等多重身份，写给女儿和所有正在成长的女孩和家长的。

借丽杰的新书付梓之际，衷心祝愿每一个女孩都能在阳光下快乐地成长，即便遇到暴风骤雨，也能聪明应对。也希望更多的父母能读一读这本书，将科学的自我保护方法告诉孩子，让孩子少受伤害，增加自我保护的意识，让社会多一份和谐，让孩子多一片蓝天！

多项国际大奖及中国播音主持金话筒奖获得者、北京电台著名节目主持人

小雨姐姐

2017 年 6 月

推荐序二

2017 年的夏天，丽杰在微信上跟我说，她写了一本名叫《女儿，你该如何保护自己》的书即将出版了，想请我写个推荐序。我感到特别的开心，并要她将样书递给我看看，先睹为快。

在我的印象中，丽杰是年轻一代非常勤恳、有魅力的女性，第一次见面就给我留下了很好的印象，缘分让我们成了忘年之交。

看到这本精心撰写的书稿，可以感受到这本书的分量及沉甸甸的爱。我知道丽杰有一个漂亮的宝贝女儿，她从一个母亲的角度与经历出发，针对当下高发的校园欺凌、坐车失联、见网友被骗、夜跑遇害等事件，结合近年来在家庭教育中获得的独特感悟，完成了这本"女孩安全防卫第一书"。

显而易见，这本书的出版目的很明确，就是希望通过鲜活的事例，指导那些纯真的女孩建立自我保护的意识，学会自我保护的技巧。我为丽杰感到高兴，也希望有更多的父母能从这本书中得到启发，让广大女孩子们可以在安全的晴空下成长！

谈到孩子的教育，我的人生经历几乎与这一话题交织了半个多世纪。从进入上海华东师范大学教育系学习，我就一直在关注孩子的成长与发展，后来在中国科学院心理研究所从事了近50年的相关研究。可以说，我对下一代的健康成长，自始至终充满了殷切的期待。

这次翻阅了丽杰写的这本关于女孩自我保护的书后，我有了新的感想和思考。我们知道，生活越温暖，孩子越单纯。她们认为每天过着两点一线的生活很安全，在学校有老师保护，回家有父母关爱，不容易遇到危险。

诚然，"无忧校园"和"温馨家庭"所提供的防护和教育在一定程度上可以减少成长的障碍。可社会毕竟是鱼龙混杂的，走出这个温暖的保护圈，独自面对复杂的成长环境，接触各种陌生人，心智尚未成熟且防护有限的女孩，能保护好自己吗？

丽杰在书中提到，每个女孩都是父母的小太阳，每个女孩都有一个属于自己的梦想空间。而意外和明天不知道哪个会先来，没人会预料到自己身上将会面临什么危险。对于女孩来说，家长怎样强调成长安全都不为过。我们要做的就是，用智慧教给她们安全成长的知识。

希望这本书能唤起父母主动关注孩子成长的安全问题，用爱给孩子铸造成长的防护网！对于广大女宝们来说，无论在校园内外，首先就要学会保护自己，增强安全意识，提高自我的保护能力。用智慧来"武装"自己，是每一个女孩走向成熟的关键。

"天下父母心，牵挂儿女身。"愿本书能发挥保驾护航的作用，从而让每个孩子都能在爱的阳光下成长，拥有美好的明天！

中国科学院心理研究所研究员　张梅玲

2017 年 6 月　北京

推荐序三

由于职业的缘故，我经常和丽杰在不同的场合谋面，久而久之，发现她是一位性格直爽、雷厉风行的"女汉子"。我和她的职业很相似，她的一些观念和思想也让我非常认同，不久我们便成了无话不谈的好友。没想到时间过得飞快，她以十几年来养育女儿的亲身经历和从事教育工作的体会，完成了这本书。

通览丽杰的这本新书，里面既有温暖如春的母爱，也有殷殷关切的叮咛。社会在转型，孩子在成长。我想，大概没有哪一代父母会像我们今天这样纠结：传统教育和现代教育受到前所未有的挑战，从孩子出生起，许多父母就会考虑，将来该给予他们什么样的教育？上什么样的学校？走什么样的路线？

通常，在考虑孩子的未来时，为人父母者，最大的期望，还是希望孩子能在复杂多变的社会中保持健康和快乐。在初期教育中，我们会以不同的方式，告诉他们要保护身体的隐私，到了哪个阶段才能谈"情"说"性"，尤其是家有女儿的父母，在这方面的保护与教育更是倍加谨慎。

毋庸置疑，女孩总是比男孩多一些危险。所以，生活中，我们也常听到这样的口头禅：女儿是妈妈的贴心小棉袄，更是爸爸的小情人。可见，和男孩相比，女孩在父母的心中更多了一种温情。在社会的大环境下，如何提高女孩子的安全系数，除了加强学校与家庭的安全教育外，让孩子学会自我保护，也是至关重要的。

读了丽杰写的这本书后，我发现她对女儿的安全教育考虑得非常周到，从学校到社会，从网络到陌生人，以及孩子成长过程中将要面对的几乎一切不安全因素，她都以自身体验、生活细节、交谈的感受表达出来，很有可读性。

说句心里话，在读到这本书之前，每当我听到女孩遇险的新闻时都很痛心。我在从事"生命树成长教育"的过程中，接触过很多案例，也曾想过做一些女孩自我保护方面的培训，却一直没有实现。让我没想到的是，丽杰先我一步出书了，我为丽杰感到开心的同时，也很庆幸能为她的书写推荐序。

《女儿，你该如何保护自己》这本书感情真挚，方法实用，全书没有任何的说教之感，孩子们能接受，父母也能从中领悟家教之道。

俗话说，授人以鱼，不如授人以渔。希望广大父母能把这本书当作礼物送给女儿，让她们学会保护自己，做自己美好未来的主人。

"生命树成长训练"课程体系创始人　曹廷珲

2017 年 6 月

从女儿出生开始，就注定了我要爱她一辈子。她是我的公主，看着她粉嫩粉嫩的小脸、忽闪忽闪的大眼睛，我就想一直陪在她身边，希望她可以无忧无虑、天真烂漫地长大。每个女儿都是父母的天使，她们阳光般的笑脸，就像春日里盛放的鲜花，迎着暖风，尽情开放，给我们的生活带来无穷的生机和希望。

女儿给我带来了幸福，我把她当成手心里的宝。面对她，我总是带着虔诚的感恩之心和深深的责任感。对于女儿的安全教育，我一直都很谨慎，从她小时候就开始向她灌输各种安全知识和防卫意识，一切都是为了让她的成长道路能少一些不安定因素，多一分保护自己的能力。虽然很多时候我没有把疼她、爱她的话挂在嘴边，但我相信她一定能体会得到。

在我的呵护下，女儿顺利地度过了童年。她渐渐长大，离我的视线也越来越远，慢慢步入了美丽但"危险"的青春期。我犯了"担心症"，担心她身心不成熟、社会阅历少、经验不足、叛逆、性意识萌动、思想单纯而轻信他人、落入险境……

我是真的害怕她陷入险境而不自知，受到伤害而不能自救。

是的，青春期的女儿个性张扬、标榜自由。奈何"初出茅庐"，遇到危险还是很被动，尤其是遇到突如其来的危难常常不知所措，常常由于不懂自我保护技巧而受伤。

不时会有女孩被骗、被性侵、失联甚至被杀害的恶性事件被报道。

女孩坐出租车被害……

好心女孩送孕妇被诱骗、杀害……

女生走夜路被尾随……

女童被男老师性侵……

为人父母，看到这些新闻，除了不寒而栗，更多的是心痛。

怎样才能保护如花般娇嫩的女儿？怎样才能加强女儿的安全防范意识？怎样才能杜绝此类事件再次发生？女儿的安全问题，是我们需要深思，必须要做好的重要事情。

女儿长大的过程，就像花朵渐渐绽放的过程。为了让这朵花能开得更美，首先我要教她学会自我保护。要学会自我保护，除了常规的安全教育外，还要针对性别进行自我保护教育，培养她的应急、应变能力及各种自我保护技巧，让她有保护自己的智慧和方法。

我的女儿，保护好你自己，是你人生重要的一课。你可以没有洪荒之力，但我希望你有保护自己的智慧。只有保护好自己，你才能享受舒心的校园生活，才能应对复杂多变的社会环境，才能走过美丽的青春年华，才能让自己的生命之花开得更美、更娇艳。

女儿，当你学会了如何保护自己，妈妈才能真正地做到放手让你自由地飞翔。

目录
Contents

第3章

网海无边，理智是岸

第4章

做个内心强大、勇敢聪慧的女孩

第 5 章

陌生的人，学会用陌生的方式对待

第 6 章

"狼"来了，用智慧来抗衡自身的恐惧

第 7 章

走好每一步，奏响安全的成长曲

第 1 章

女儿，
你要学会保护自己

做自己的主人，勇敢说出"不"

懂事、听话，是很多家长对孩子的要求，在家要听家长的，在学校要听老师的，上了班要听领导的，在这种教育环境下长大的孩子，自我意识会相当淡薄，不敢拒绝他人尤其是所谓的权威们的无理要求，也就更容易被人摆布，被欺负、被伤害时都不敢反抗。

01

据新闻报道，沈阳市一名小学教师对所教班级的 6 名女生进行了多次猥亵，让人不可思议的是，侵害女学生的地点竟然是在教室的讲台上。他通过恐吓、威胁，让女学生对此事不敢声张并保持沉默，由于第一名女学生没有反抗，接下来就有了第二名、第三名……即使有女学生反抗，但遭到该教师的毒打后，也不敢将此事告诉家长。由于孩子们没有自我保护意识，不敢说"不"，该教师的恶行被放纵长达两年半。作为母亲，看到这样的报道，我很心痛，女孩们的自我保护意识为什么如此缺乏？遇到这样的侵害难道不知道应该反抗吗？

孩子为什么敢怒不敢言呢？或多或少是受大人一言一行的影响。

我们都觉得朋友家的孩子特别懂事，每次去朋友家做客，总是喜欢逗他两句，开两句玩笑，孩子也会礼貌地回应我们。一次，一位男士将孩子抱起来逗着玩，结果不小心弄疼了孩子，孩子不高兴了，这位男士再跟孩子说话时，孩子就没搭理他。

朋友觉得孩子的行为不对，就呵斥孩子："叔叔跟你说话，你这孩子怎么这么没礼貌呢？"

孩子觉得很委屈，心想明明是叔叔先弄疼自己，妈妈没弄清情况，却埋怨自己没礼貌。再说这位叔叔只是妈妈的朋友，自己跟他又不熟，为什么一定要回应他呢？可是面对妈妈严厉的训斥，孩子并没有为自己辩解。

这样的情境也许经常在家庭中上演，如果发生得多了，很容易使孩子在潜意识里形成大人跟我说话我都得回应、要总是尊敬大人的认知。慢慢地，孩子就形成了一种习惯，无论做什么事都要时刻考虑大人的感受，即使遇到不怀好意的大人，也会表现得比较顺从，极易上当受骗。

02

女孩感性，天性善良、顺从。常有不轨之徒利用这份善良对女孩下黑手，对女孩造成伤害。很多女孩性格比较软弱，在被欺负后只是默默忍受，这让坏人更加有恃无恐。所以，我们一定要教女孩学会自我保护，学会拒绝，学会反抗，不向恶势力低头。

很多女孩认为自己每天过着两点一线的生活很安全，没有必要杞人忧天。在学校有老师保护，回到家有父母保护，这样的保护圈已经很牢固，自己没那么容易遇到危险。

可事实上，危险无处不在，让孩子走出学校、家庭的成长保护圈，多多体验社会，她就会明白，不能做一个没有自我保护意识的孩子。孩子的生活不是只有学习和上兴趣班，还可以多看看新闻，多了解一些安全问题。有些新闻的内容，孩子看了可能一时不能理解，我们可以讲给她听，或者改编成小故事，让她更好地理解，也让她明白要学会自我保护。

如果在人多的地方有人总是往你身上靠，一定要小心，我们可以巧妙地换个位置。如果有人伸手摸你，可以大声喊叫，千万不要默不作声，沉默只会助长坏人的气焰，让自己受更大的伤害。我们应在保护自己的前提下，勇敢地站出来说不，拿起法律的武器保护自己。

只有自己懂得保护自己，才有能力为成长提供最有效的保障。我们要时时刻刻强化自我保护意识，让自己不受伤害。

66 女儿，妈妈最想对你说：

1. 如果发生了让你感觉不舒服的事情，遇到让你不高兴的人，一定要告诉我们。

2. 无论遇到什么事情，心中要有自我保护意识，最重要的是要确保自己的安全。

3. 来自外界的伤害和侵犯，不要一个人默默忍受，一定要勇敢地说"不"。

自我保护技巧，驱散成长的阴霾

01

朋友圈一度被"和颐酒店女生遇袭"事件刷屏，女性的安全问题又一次成为焦点。作为弱势群体，女性一定要学会一些自我保护的技巧，给自己的安全加一个砝码。

有人说，女生自我保护技巧很简单，在网上学学那些"女子格斗术"、防狼术就行了。实际上，那些只是简单的几个招数，根本起不到抵御坏人的作用。我也曾跟着网络视频学过一些所谓的"女生防狼术"，那些视频看着感觉很有用，可真正练习时并不是那么回事，力量、敏捷度、动作缺一不可。而女孩面对危险时根本很难做到沉着冷静地分析，加上力量有限，要做出有效的反击实在太难了。即使学会了这些招数，遇到成年男性对手同样也会很被动。

难道我们在遇到危险时就只能束手就擒了？

错！我们可以掌握一些可行的技巧和方法，来使自己免受歹人的伤害。

但不鼓励跟坏人搏斗、硬碰硬，毕竟一般人是没有这种能力的，更何况是孩子。

好久不联系的大学舍友突然对我说，有一次她跑完步准备回家时，被一个邋遢的"大叔"尾随。

"姑娘，这么晚还锻炼呢，一个人住啊？"男人想方设法跟她套近乎。

舍友没有理会，转头接着跑。没想到这位"大叔"也亦步亦趋地跟在她身后，尾随了500多米，直到走进小区门口都没有要离开的意思，时不时嘴里还说着一些听不清的话。

她奋力朝着小区保安室跑，那位"大叔"在后面紧跟着追。好在她常夜跑，身体素质还不错，一路狂奔狂奔到保安室，向小区里的保安求助。保安很负责任地把她送到楼道口才离开。

通过这件事情，我想告诉女儿，若怀疑有人尾随，千万不要慌张，试着穿过马路，如果他还在你身后，说明你的怀疑是对的。此时不要着急回家，可以找一家便利店或商场闲逛一会儿，等待那人离开后再回家。如果察觉有人一直尾随，可以快速朝人多的地方跑去，寻求别人帮助，以保证自己的安全，千万不要想着单打独斗。女生比较弱小，遇到危险一定要动脑，而不是动手。

02

当确定自己遇到危险、无法逃离的时候，要用尽全力大声呼救。不管遇到什么伤害，一定要坚信：我不是软柿子，不能等着人来捏，一定要想尽一切办法逃脱。

求救也要讲究技巧。有时候慌乱之下喊救命可能并不足以引起周围人的注意。

如果遇到男性猥亵，可以大声呼喊："着火了！"这样更容易引起周围人的注意，大家乱成一团时，正是逃脱的最佳时机，一定要抓住时机，不要在乎自身形象，努力奔跑。如果最终没能挣脱，还有一招——满地打滚，这时就需要你拿出小时候妈妈不给你买玩具，你在地上嗷嗷大哭、满地打滚的气势，同时抓住一位路人求助，让他帮忙报警！

但有时候你抓住的路人，由于搞不清状况，加上有多一事不如少一事的心态，可能不会帮你。此时你仍然要死死抓住他，甚至可以打掉他的手机或做其他一些出格的事情，迫使他加入到帮助你的行列。等你安全了，你再向路人道歉、赔偿。最重要的是，你安全了。

03

很多人对女儿的教育是："女孩不要一个人出门，要结伴而行，不然不安全。""女生要自尊、自爱，不要在外面喝酒，不要衣着暴露。""不要搭理陌生人，问路的、乞讨的都不要搭理，你不知道他们是不是好人。"……难道这样做就可以避免受到伤害了吗？

事实并非如此，做到以上这些，只是降低了风险，当危险真正来临的时候，我们需要冷静对待，学会用恰当的技巧应对。

女孩相对比较柔弱，面对危险有时会大脑一片空白、束手无策，这很正常，但一定要明白，身处险境，既不能任人蹂躏，又要在敌我力量悬殊的情况下采用技巧智取。一味地说教很难让孩子真正明白身处险境的后果，等危险来临时才想起来要学习各种技巧已经晚了。我们应该在平时就灌输给孩子自我保护的意识和应对技巧，这样，遇到险境时，才不至于手忙脚乱。

女孩慢慢长大的过程，就像花朵渐渐绽放的过程。为了让这朵花能开得更美，首先要学会自我保护。要学会自我保护，不仅需要有保护自己的意识和勇气，还需要自我保护的智慧和方法。女儿最终是要独立的，父母不可能一直在身边保护她，所以要尽早教她学会保护自己的方法，这也是孩子成长路上必不可少的。

女儿，愿你面对邪恶时，有保护自己的智慧，也有伸出援手的勇气。

女儿，妈妈最想对你说：

1. 身处险境，保持警惕的同时对所处形势做出正确的判断，抓住时机及时求救。

2. 遇到危险不要慌乱，在保全自己的前提下，利用身边一切可利用的人、事、物来帮自己脱离危险。

强化安全意识，拒绝一切安全干扰

女孩的安全问题一直都是社会关注的焦点，以至于很多父母自从女儿出生，就开始为她以后的安全担忧。如果女孩长得很漂亮，父母开心之余，担心也会随之增加。每个孩子都会长大，提升女孩自身的安全意识和保护自己的能力，是很多父母要解决的问题。

01

想必每位妈妈都和我有过同样的焦虑：女儿一天天长大，变得亭亭玉立、人见人爱，但还是和小时候一样单纯，怎样才能强化她的安全意识呢？

记得女儿第一次遇到危险是在她 7 岁时，我们一家人去公园玩，当时女儿和一群小朋友玩得很开心，他们想跑到对面的游乐场去。这时一辆游览车驶过来，旁边刚好有个凉亭挡住了女儿的视线，她差一点被游览车撞到。还好当时路上人多，游览车速度不快，一下就停住了，万幸的是没有发生任何事故。女儿因为突然受惊，吓得站在原地一动不动。

当时的情景把我吓得不轻，我忍不住训斥了她几句。想必当时，我的大声训斥也把她吓坏了，因为我从没像那样大声地跟她说过话。其实作为7岁大的孩子，在这种情况下，她已经感受到了危险，而我的大吼声只会加剧她的害怕，让她觉得这是一件十分严重的事情。我走过去，想安慰一下女儿，她却强颜欢笑，装作没事一样。其实她当时已经六神无主，腿都有些发软了，我赶忙把她拉到一边，问她："被吓到了吧？"

女儿立即点点头。我说："那你知道下次该怎么避免这类事情的发生了吗？"

女儿说："不能跑。"（从这里可以知道，女儿似乎还欠缺点防范危险的能力。）

我说："即使在公园里走路也要看四周，公园也有车子。无论在哪里，只要横穿道路都要左右看一下，要提高安全意识。"

"这次从危险中逃脱，一定要学会不要再让自己处于这种类似的危险中。"

女儿用力地点了点头。

通过这件事，我想女儿的安全意识应该加强了不少，而我也意识到了当孩子遇到危险时，家长的打骂只会增加孩子的惧怕，若下次再遇到这类事情她只会更紧张而忘了如何应对。

02

你能说危险离我们远吗？现实生活中总有一些不安全因素潜伏在孩子的身边，地铁、公交车上被心怀不轨的人摸一下或蹭一下，钱财被偷，甚至被陌生人欺骗等情况，这些事情每天都在发生。女孩天真烂漫没有错，但没有安全意识，自己处于危险境地而不自知，那就不是天真了。

女儿，千万不要忽略隐藏在身边的安全隐患，妈妈知道你本性善良，在你眼中世界总是美好的，好人永远比坏人多。然而，那些邪恶的、丑陋的、让人难以接受的事情一直在发生，丝毫不夸张。妈妈知道你涉世未深，总是认为危险离自己很遥远，但我要告诉你，危险并不是只出现在新闻里，你的身边也有很多的不安全因素。

不要将自己置于危险环境之中，要做好自我安全防护措施。不要认为独自一人走夜路没有危险，也不要认为自己去偏僻的地方不会发生意外，一定要想想可能发生的后果。陌生人来敲门千万不能透露家中的情况，要智慧地应对陌生人造访，制造家中人多的假象。这些都是我们该有的安全意识，也是我们应该具备保护自己的技巧。

学校进行安全讲座时，不要觉得枯燥而忽视学习，多学习一些保护自己的技巧和提高安全意识很重要。

乘公交车时，我们应该学会保护自己不被他人偷、抢甚至骚扰等。不要把安全问题当小事，一旦让自己的人身受到伤害甚至威胁到生命，那将是无法挽回的。

在生活中，不要放过任何学习的机会，安全意识应伴随我们的一生，在日常生活中，安全意识更是"多多益善"。

66 女儿，妈妈最想对你说：

1. 君子不涉险地，切记不要将自己置于危险环境中。

2. 在生活中，多观察、多学习，努力强化安全意识。

突发状况来袭，静心才能应付自如

社会上会存在一些较复杂的情况，生活中总是会遇到一些突如其来的状况，让人猝不及防。如何教孩子学会保护自己，这是每位父母的责任。有时一些看似简单的道理，却要反复地告诉孩子，并且要通过各种方法才能让她懂得怎样做才能真正地保护自己。

01

一定要让孩子明白，作为女孩，无论何时何地，要时刻保持一颗警惕心，遇到任何突发状况，一定要冷静应对。

这是发生在我周围的一件事。我的一个朋友有两个孩子，有一次她带孩子回老家探亲，两个孩子去老家旁边的河沟玩耍时，妹妹不小心滑到水里去了，姐姐一时吓蒙了，但马上回过神来，立刻跑去找人来救妹妹，还好河沟的水并不深，妹妹最终得救了。我的朋友表扬了姐姐，说她在保证自己安全的情况下救了妹妹，而不是贸然下到水里去救妹妹，因为那样极有可能将自己也置于危险当中，结果可能会不堪设想。

这件事看似很简单，但可以看出姐姐在面对突如其来的危险时，并不是盲目地救助，而是保持头脑冷静，临危不惧，在保证自己安全的情况下找到更有能力的人救助妹妹，让她们都远离了危险。这跟父母平时的教育是分不开的。孩子们听多了见义勇为的故事，很多时候缺乏对事情的理智判断，贸然救助，很容易造成更大的伤亡，这样的事情每年都有发生。

遇到突发状况时，一定要胆大心细，头脑冷静。

当遭遇突发状况时，很多人会因为慌张而错失自我救助的良机。面对突发状况，慌张、大脑空白都是人的正常反应，但我们不能一直慌乱，可通过深呼吸或心理暗示让自己尽快冷静下来。只有头脑清醒了，才能思考解决问题的方法。越紧张就越害怕，不妨多给自己鼓劲，在心里默默地支持自己，相信自己一定可以解决问题。只要有了自信，相信自己一定可以想出更好的办法，就有机会逃离危险。

女孩一般比较柔弱，一遇到危险容易手足无措，除了喊叫和大哭，似乎就没有了处理突发状况的手段。要记住，眼泪并不能给我们提供帮助，有时还会让我们的处境更加危险。在危急时刻，我们要静下心来，想办法脱离险境。

02

让孩子学习应对各类事情的能力。

很多父母只会告诉孩子，遇事要沉着冷静、理智思考。实际上，只有我们意识到危险，并且明确地知道可以通过自己的努力改变现状时，我们才会冷静下来，才能思考应对的方法和策略。

平时可以和孩子多交流一些突发状况的应对策略：

如走进电梯时，发现有可疑的人尾随，在提高警惕的同时可以假装有朋友在外面，然后假装一本正经地说一句："哎哟，你怎么还不进来啊。"再假装不耐烦地走出电梯，让自己顺利脱离险境。

若被坏人带到了酒店，此时可以大肆破坏酒店财物，比如，看到身边有玻璃镜子之类的物品可以使劲砸，通过这种方法吸引服务员的注意，这样你也就相对安全了。

....

平时多学习一些技能，说不定在某个时刻就能用上，为自己增加一项求生技能并不是什么坏事。可以到专业机构学习一些防身术，增强自己的信心。还可以和朋友或同学进行一些"突然袭击"的案例演习，在课间活动时，三三两两的同学可以玩一些提升应变能力的小游戏。这样练习多了，应对技能就会得到提升，遇到一些小状况时就不至于让自己惊慌或紧张。当危险真的来临时，学会让自己静下心来，只有想出应对之策，才会化解危险，让自己脱离危险。

> **❝ 女儿，妈妈最想对你说：**
>
> 1. 遇到突发状况，一定要冷静应对。
>
> 2. 遇到困难，先自己想办法处理，增强自己解决问题的能力。 **❞**

一起进行安全演练，爸妈的忧思你知道

一看见女生失联、被骗甚至被害等新闻，当父母的就会心头一紧。如果自己的女儿遇到那样的情况，不小心上了黑车、被人骗、被人尾随……她该如何应对？她能否想到办法逃脱？每个女孩都是父母的天使，父母的担忧甚至可以到寝食难安的地步，这就是所谓的天下父母心吧！

01

从女儿上幼儿园开始我就不停地给她灌输一些安全防范意识，现在她长大了，我依然觉得不放心。小时候还有我们陪在身边保护她，可她总有一天会长大，我们不可能时时刻刻陪着她、呵护她。现在的社会比较复杂，处处潜藏着危险。女儿又处于这样一个懵懂的年龄，真是让人担心。

趁着周末，跟孩子爸爸商量后，我们决定在家陪孩子进行一次安全演练，不仅锻炼孩子的应变能力，还能借着游戏放松一下心情。

周末，正好小侄女也来了，我们说要一起练习遇到黑车、被陌生人欺骗等状况，看看她们的应变能力。小侄女一听特别感兴趣，爽快地加入了我们。

其实那个小家伙是个"人来疯"，只要有人陪她玩，她就开心得不得了。由于小侄女年龄偏小，我们就从陌生人敲门开始演练。

女儿和小侄女在小屋玩，我就充当陌生人敲门，我在门外说："送快递的，你妈妈买的东西到了。"等了一会儿，俩人没声音，我又说："有人吗？快递到了，请开门签收。"

小家伙开口了："放门口吧！"

看来，还挺有心的，我接着说："需要签字才能签收，开门签收一下。"

小丫头说："不会写字，放门口大爷那吧。"俩人还挺入戏，隔了好久，她俩悄悄地猫出头来看了看。

这一关顺利通过，我和老公给她们点了个大大的赞。

然后我们又设定了几个场景，有上黑车的、路遇陌生人的、接到陌生来电的、公交车上遇到扒手的……几个场景演练下来，两个小孩有时候可以想出办法，有时候无计可施，不过俩人配合挺默契。

经过这一下午的时间，我觉得玩游戏比直接说教有用多了，女儿也发现自己学会了不少东西。她还觉得时不时来一次安全演练挺好的，毕竟熟能生巧，掌握一些技巧很有必要。于我而言，这么做不仅可以更好地提高她的保护意识，还能促进家庭和谐，两全其美，何乐而不为呢？

02

想必每个孩子在学校都经历过类似地震、火灾等安全教育，通过练习处理危险事件来提升自己的应对能力，以备不时之需。但是对于防欺骗、防侵害的演练似乎还没有。针对女孩的危险事件五花八门，让人防不胜防，我们可以在家陪孩子多进行演练，教会她学会保护自己，提升安全意识和安全防范能力。

很多女孩没有危机感，她们单纯地认为世界是美好的，好人总比坏人多。她们觉得陌生人很热情，对搭讪的人要礼貌地回应；男老师很关心我，我也喜欢他的上课方式，和他一起去玩不会有危险；有陌生人拨错号码打给我，说明很有缘分啊，这份缘分得珍惜等。女孩们醒醒吧，遇到这些情况要理智应对，保护自己最重要。在让女儿看那些关于女孩失联、搭错车、送孕妇回家被害等案例时，提醒她要注意安全问题，她总觉得我烦。她觉得自己已经长大了，就算没有父母的保护，自己也可以在社会上安然无恙地生存。就像有的受害女孩谈到自己没有任何防范心理的时候说的，她一直生活在温室中，生活很平静，哪想过会有那么多的危险等着她？在家有父母，在学校有老师，出门有朋友，感觉到哪都是安全的。

如果意识不到自身安全的重要性，一旦离开父母，去了陌生的城市，如何让自己更好、更安全地生活呢？

意外和明天不知道哪个会先来。没人会预料到在自己身上将会降临什么危险。一旦危险降临，我们却又不知道如何应对，那岂不是很悲哀。

所以，要了解身边的危险有哪些，然后多进行安全演练，掌握保护自己的技巧。

66 **女儿，妈妈最想对你说：**

1. 做任何事，安全第一。

2. 不要把人和事想得太复杂，也不要想得太简单。

99

安全第一，你的安全比什么都重要

看了好多女孩出事的案例，我问女儿："如果有坏人抓住你，想把你带走，你怎么办？"女儿看了我一眼，眉飞色舞地开始给我描述如何与坏人搏斗的情形。因为她在学校学了一些安全知识，体育老师还教了她们一套防身术，所以她信心满满地说自己要狠狠教训坏人一番。

她描述的搏斗场景，充满了不切实际的武侠色彩，她把自己幻想成功夫了得的侠客，可事实上，她只是个弱女子。大多数孩子在被坏人控制住之后，因为坏人的一句"你叫我就打你"的恐吓，就彻底放弃了反抗。所以教会孩子逃生的技巧很有必要，可以让她少受一些伤害。

女儿，如果坏人抓住了你，想要把你带走或者伤害你时，你该怎么办？

首先，你可以大声地、不停地呼叫："救命""走开""坏蛋"，同时要迅速跑到人多的地方。坏人一般会选择看起来比较软弱的人下手，大声呼叫可以让坏人不敢轻举妄动，因为贼人贼胆，他们往往会心虚。

如果坏人狰狞地对你说："不许叫，再叫就打你！"这时候千万要记住，坏人为了不惹人注意，一般不会当众打人。只要有人，你就使劲喊。一旦被坏人带走了会更加危险，所以在自己安全得到保障的前提下，一定要学会反抗。

假如坏人捂住你的嘴巴，让你没有办法呼叫，你可以抓住坏人的小手指使劲往后扳。坏人感到痛后，会下意识地松开手，你就可以乘机逃跑。如果坏人抓住你，你可以用尽全身力气晃动你的胳膊、腿和身体，想办法踢坏人的胫骨（小腿的前面），用鞋边使劲刮擦坏人的胫骨，还可以用力踩他的脚背（脚的中间部分），剧烈的疼痛会让他们松手，你再乘机逃跑。

如果发现坏人比你强壮太多，那就不要逞强，要学会智取。你可以用尽全身力气去对付他最薄弱的地方。

遇到抢劫时，如果坏人只要钱财，那就把钱给他，把包一扔给他就跑，时刻要记住，你的安全最重要。生命是无价的，每个人的生命只有一次，当你的财产和人身遭到威胁时，不要犹豫，舍财保命没啥错，只要人活着，一切就都还有希望。危险当头，不用过多地去考虑物质的损失，要想尽办法保证自己的人身安全，其他都是次要的。

此外，如果你发现有人威胁、恐吓或伤害你的好朋友、同学时，不要盲目地去与坏人搏斗。在确保自己安全的前提下，想办法报警，向警察或有能力的人寻求帮助，这样才有可能让朋友、同学摆脱危险的处境，这也是真正帮助朋友的方法。

66 **女儿**，妈妈最想对你说：

1. 生命是唯一的，确保自身安全最重要。

2. 面对坏人，不可盲目挣扎，要学会理智思考。

99

第 2 章

校园生活，
象牙塔里不平静

校园"霸凌"，你不是一座孤岛

校园是一个承载着欢乐和记忆的地方，然而，孩子们的世界却并没有看起来的那样单纯。有段话如此描述孩子们之间的伤害："孩子之所以是孩子，不仅因为他们没有自我保护能力，还因为他们对作恶毫无自控能力。你不告诉他那是恶，他能把别人逼死。你不告诉他要反抗，他能被别人逼死。"有时候事实远比我们想象的要可怕得多。作为家长，你必须明白，孩子在学校都经历了什么。

01

发生在北京市中关村二小的校园事件，曾刷爆了朋友圈，让"霸凌"一下子成为街头巷尾的谈论热点。事件中的受害小学生，被同班两个经常找他麻烦的男同学堵在厕所里，并将沾有屎尿手纸的垃圾筐自上而下扣在他头上。此情此景，想想都让人不寒而栗。我不禁扪心自问，假如有一天，这样的"霸凌"发生在我女儿身上，她将承受怎样的伤害，而我又该怎样帮助她呢？

还好，女儿一向喜欢跟我聊在学校发生的事情，所以我不至于对她的成长一无所知。女儿的学校里类似于中关村二小那样的恶性事件并不多。但像起外号、开一些过火的玩笑等事件，却是经常会发生的。

女儿曾经跟我讲过发生在她们班上的一件事。

班上有个女同学，体重远远超过了同龄人。面对自己日益增加的体重，她显得非常自卑。她已经很注意控制饮食，也尽可能地加强锻炼，但肥胖却丝毫没有要远离她的意思。

这样的身材，让她做什么事儿都显得很可笑。于是，那些爱捉弄人的学生便总是拿她寻开心。

她爬楼梯时气喘吁吁，在她身后的同学一边笑一边叫："哈哈，死胖子！"

她前后座的男生，常常会因为她需要多一点的空间而说她是猪。

登记校服尺码和发体检报告的时候，她总能引起一阵哄笑。

更可恨的是，有些男生还故意学她走路的样子。

她因为自卑，从来都是默默低着头。这让欺负她的同学更加有恃无恐。

她的作业本不见了，通常可以在垃圾桶找到。班里有东西坏了、丢了，同学们都起哄说是她干的。

女儿对她的这个女同学，充满了同情，我也很同情她那位同学。女孩的内心本来就很脆弱，心思比较细腻，最受不了别人在背后指指点点。毫不顾忌他人的感受，嘲笑他人的缺点，这无疑是对他人最大的侮辱。语言的暴力，从根本上说就是一种欺凌行为，和动手打人没有本质区别。为什么老师不制止这种行为？其他同学还趋之若鹜？为什么受欺凌的同学要做鸵鸟，不知反抗？

也许有人会说，孩子想得没有那么复杂，他们只是觉得好玩，大家开个玩笑，并不认为这是一种欺凌。可事实并不是这样的！现在四五岁的孩子就已经有自主意识了。一旦发现孩子在学校被欺负了，家长千万不要觉得，小孩子之间不懂事，就疏忽大意。一定要让孩子明白，受了欺负不能沉默，要学会反抗和追究责任。这对于欺凌者和被欺凌者都是一种帮助。

我的女儿，希望你在成长的过程中学会尊重他人，同时也要学会保护自己，维护自己宝贵的尊严。

02

事实上，女孩在成长过程中所受的欺凌远不止起外号、被嘲笑这么简单，还有很多暴力事件不断被爆出，让人不寒而栗。

"江西永新县女初中生打架"的视频曾一度在微博、QQ空间广泛传播。视频中，多名初中生模样的女孩对着另一个跪着的女孩连扇耳光，还不时地拳打脚踢，殴打时间长达 5 分钟。视频中还可以听到其他女孩的鼓掌声。

"四川一未成年女生被同龄人扒光衣服拍裸照"的照片在网络上流传。从照片中可以看出，3 位女生围着一位上身全裸的女生在自拍，其中黑衣女生手持手机对着镜头微笑，白衣女生和另一名黑衣女生同时用手比出"剪刀手"，而受害女生只是低着头，用手臂遮挡着自己的身体。

"重庆女生因为太邋遢被 5 名同学围殴打成十级伤残"，仅仅是因为受害者不注重个人卫生，同寝室的其他女生就对其进行暴打……

每每看到类似的事件发生，作为一个母亲我都深感忧虑，既担心女儿成为那些冷漠的施暴者，又担心她成为别人欺凌的对象。

校园欺凌现象不可忽视，发生欺凌事件后，如果不及时干预、制止，不论对施暴者还是受害者都是不负责任的。那些没有得到相应惩罚的孩子会变本加厉，继续以这种野蛮的方式对待自己的同伴、同学，最后发展成暴力犯罪分子；而被欺凌过的孩子，如果没有得到及时的帮助走出困境，心理上和精神上所产生的挫败，很可能影响她今后的整个人生。

" 女儿，妈妈最想对你说：

1. 说话做事要懂得尊重别人，学会体谅别人的感受。

2. 面对别人侮辱性的行为，要懂得反击，可以向父母或老师寻求帮助。

3. 当看到有人被欺负时，不要漠不关心，要尽力帮助，不要让他有被孤立的感觉。

与男生相处，不相交的平行线也挺好

男生女生之间有没有真正的友谊？这是一个永久的话题。我在高中时，曾看过《悲伤逆流成河》，记得里面有一段话：

"在每个女生的生命中，都有一个这样的男孩子。他不属于爱情，也不是自己的男朋友。可是，在离自己最近的距离内，一定有他的位置。"

这样的感情，永远都是超越爱情而存在的。我知道在女儿的成长中也会有这样一个男孩，见证她的青春岁月，见证她的懵懂无知和华丽蜕变。

01

女儿性格活泼，成绩很好，还是班长。前段时间，一个叫小伟的男孩转入她们班级，成了女儿的新同桌。对于这个新同桌，女儿表示友好与欢迎，经常在学习上帮助小伟，由于两家住得不远，放学后他们会一起回家。女儿偶尔也会把她和这个同桌的趣事讲给我听，我也很喜欢她的这个新同桌。

可是有一天，女儿却哭着跑回来了。她告诉我，她和小伟走在回家的路上，快到家时，听见背后几个男同学说："快看，那两个人多般配呀，简直郎才女貌，青梅竹马。"女儿一下子气得涨红了脸。

接着不知道谁又说了一句："是呀，那男的真不要脸，女的也不是什么好人。"说完大家一哄而散了。

女儿气得号啕大哭，边哭边问我："男生和女生一起玩，难道有错吗？难道男生和女生之间就不能有友谊吗？"一时间我不知道该怎么和她解释，也不知道该如何安慰她。如果说成长中必定会受到某些伤害的话，也许这就是其中之一。

我轻声且郑重地告诉女儿："当别人说的话纯粹就是捕风捉影的时候，就不要管他。妈妈相信你！"

女儿的哭声渐渐小了。

可是从那天起，女儿再也没有跟我提过小伟。他们的友谊也许就这样结束了，也许经过很多年以后，友谊还会回来。

02

男生与女生之间有没有纯洁的友谊？对于这个问题，每个人都有不同的答案和看法。何为友谊？同学之间互相欣赏、互相学习、志趣相投完全可以发展为友谊，而这无关乎性别。

女儿经历的事，让我想起我的"好哥们"——一个无话不谈的异性朋友。我与"哥们"相识于高中，我俩中间隔了一桌，美好的高中生活在我们一天天的成长和一天天的互相"讽刺"中度过。他长得比我壮，而且家里很有钱，我称呼他为"老才"，这个"才"通"财"，代表他在我心中是个"有钱人"。

每次发新书，我都会替他在第一页写上大大的"老才"。有次，他的书被我放在了老师的讲桌上，上课了，老师拿起书，问谁是"老才"，他灰溜溜地站起来，把书拿回去了，他这个名字就这样在班里传开了。

大学后和他偶尔在 QQ 上联系，他追女孩，来请教我，女生都是什么心理，怎样表现会赢得女孩的芳心。我一个对感情还没有开窍的人，给他出了很多馊主意。直到现在，他还在埋怨我，如果不是用了我的主意，他现在早就当爹了。

仔细算算我们认识也有十个年头了。是啊，认识这么久了，一直保持着联系。即便成家了，也能被彼此的家人所接受。所以，我相信男生与女生之间有纯洁的友谊。

很多人说男生和女生之间没有纯洁的友谊，因为男生与女生之间的友谊来源于异性间的吸引，不会持续太久。但异性之间产生的友谊也会让双方渴望互相了解、互相帮助。爱情是爱情，友情是友情，对待友情不应贴上性别的标签。

生活中男生与女生相识、相处再到相知，并不是说彼此间建立了深厚的友谊就会发展为爱情，他们也可以是很好的伙伴、哥们，他们之间也可以是友情。

每个女孩心中，都有一个这样的男同学。看见漂亮的东西，会忍不住与他共享；听到好听的歌，会忍不住第一时间告诉他；看到漂亮的笔记本，会忍不住多买一本给他，尽管他不喜欢粉嫩的颜色；心情不好的时候，会想到找他聊天；与朋友吵架了，第一个想到的人是他。如果你身边也有一个这样的男孩，请善待他，或许他会成为我们常说的"男闺蜜"。

我们眼中的他不再带有"性别歧视"，而更在乎的是两人无话不谈的默契。大千世界中，很难再找到这样一位能合得来，能与自己深入交心的朋友。每个人都有不同的气场、不同的格局，很难找到气场和格局相似的朋友，如果遇到了一定要懂得珍惜。

其实无论什么样的感情都应该是纯粹的、简单的，有时候只是我们把它放大了、复杂化了。友情无关男女，当你坦然地只是把对方看成朋友时，你就获得了一份纯粹的友情。身为父母，如果我们内心阳光，孩子的内心也会充满阳光。

❝ **女儿，妈妈最想对你说：**

1. 面对欣赏的男生，抛弃世俗的眼光，坦然与其相处，你会收获一份纯洁的友情。

2. 与男生相处，只要自己心存阳光，走到哪里都会光芒万丈。

3. 面对志趣相投的男生，友情或许比爱情能发展得更长久。 ❞

与男老师相处，谨防"狼"师

教师是人类灵魂的工程师，是阳光下最伟大的职业，人们常常把孩子比做鲜花，把老师比喻成辛勤的园丁。然而，并不是所有的老师都是守护鲜花的园丁，有些恰恰是摧残花朵的恶徒。

01

女儿学校发来一则短信，主要是有关防止男教师猥亵、性侵女学生的一些规定，如男教师找女同学谈话或进行思想教育，均要找"至少2名"同学在场作证。制订如此严格的规定，可以让家长宽心，学校也为学生的成长构建了一堵"防火墙"。

不得不说，校方的做法实在有必要。近年来，尽管各地教育机构都出台了各种相关的类似规定，可是教师侵害学生的案件仍时有发生。

学生对于老师有天然的信任和服从意识，于是很多老师便利用孩子的单纯，进行欺骗、诱导，甚至是恐吓。

身为父母，我们有必要提高孩子的防范能力。尤其是女孩，要让她从小明白，并不是所有老师都完全值得信任，与男老师相处时要与老师保持一定的距离。一些"狼师"就是利用孩子们的无限信任而做坏事。当孩子不再盲目地轻信他人，说明他们在保护自己的道路上又前进了一步。

02

某中学一名女学生和老师亲昵的视频曾在网上大肆传播，视频中一名长相甜美的女生与一名男老师在办公室面对面坐着聊天，然后男老师竟然抱着女学生亲吻，而这一幕恰好被路过的学生拍下。

从视频上看，虽然是两相情愿，但学生处于懵懂的青春期，青涩的爱情悄然萌发，作为老师，即使发现学生对自己有倾慕之情，也应该加以规劝和引导。教师的解释是自己一时冲动，可作为一名老师，职责是教书育人，在面对学生稚嫩的萌动时，不是应当帮学生树立正确的爱情观吗？

当你听到男老师的借口时，是不是也觉得荒唐可笑呢？女生和男老师之间保持必要的距离，既是对自己的保护，也是对老师的尊重。如果不能避免与男老师单独相处，那就时刻保持高度警惕，观察老师是否有异常行为，一旦感觉自己被侵犯，要敢于向其他老师或父母反映，必要时还可以报警。如果有了防范意识，心怀不轨的男老师即便有不轨的想法，也不敢轻易行动。

> ❝ **女儿，妈妈最想对你说：**
>
> 1. 害人之心不可有，防人之心不可无。
>
> 2. 男老师人品好，值得尊敬和爱戴，但要避免与男老师单独相处。
>
> 3. 面对男老师的过度关心，一定要提高警惕，学会保护自己。 ❞

与异性交谈，中间放个交际距离

时代在前进，人们的思想和行为也必将更加开放。成长中的少男少女，喜欢追逐新奇的事物，也常常做些让我们咂舌的举止。他们不知道这样的举止可能会给别有用心的人制造伤害自己的机会，甚至令自己的形象和名誉受损。

一次，我去咖啡厅的时候，遇到一群初中生模样的孩子，他们有说有笑的，这本来是让人羡慕的场景，可接下来的一幕，却显得那么别扭。只见有位女生坐在一个男生的腿上，他们好像在讨论着游戏过关的问题。可能是女生不太会玩，所以男生就手把手教她。期间，女生不时撒娇发嗲，甚至说一些让人脸红的话。眼前的情景简直让我目瞪口呆，不知说些什么才好。现在的女孩在公共场合说"露骨的话"竟然脸不红、心不跳，我也很是"佩服"。

那天的咖啡喝着索然无味。回到家，那一幕幕还一直在我脑海里闪现，我设想如果那女孩是我女儿，我会怎样？

恼羞成怒？大声呵斥？更多的是心痛吧！

这个女孩的行为太不自重了，会让人觉得很随便、很轻浮。即使是好学生，只要举止轻浮，都会让人"另眼相待"，被归到"坏孩子"的行列。而且无论外表看着多甜美，都让人觉得内心很丑陋。

女孩性格开朗，与男同学关系好，很正常。但是如果过分随意，就会让对方觉得动机不纯。勾肩搭背、坐在男生腿上或自然地靠在男生身上，这些行为都会引起男生的遐想。切不可忘了自己的性别。毕竟男生与女生性别不同，思维方式也不一样，看待问题的角度也不同。也许一个简单的亲密行为，在你看来只代表着关系好，是哥们，但在他们心里或许认为还带有别的含义。也许你性格大大咧咧，与男孩说话口无遮拦，自己感觉没有什么不妥，但男孩没把你当男生，你在他眼中是女生，这种误会也许会让你们彼此间的友谊发生变化。为了不给友谊带来负担，一定要学会和男生保持距离，减少彼此间不必要的亲密接触。

与异性保持良好的关系，就是保持一个健康而安全的距离。

66 女儿，妈妈最想对你说：

1. 要学会与男生分彼此。

2. 保持女孩该有的矜持，不随便、不轻浮。

无事献殷勤，千万别被忽悠

俗话说，无事献殷勤，非奸即盗。

天底下，没有无缘无故的爱，也没有无缘无故的恨。

当有人对你格外好，不停地夸赞你，千万不要被这些"糖衣炮弹"给美晕了，要头脑清醒点，多想想为什么。

女儿告诉我，她们学校高年级的一个叫小美的学生出事了，不仅被骗而且被性侵。小美是个很漂亮也很爱美的女孩，有着很强的虚荣心，喜欢别人夸她漂亮、夸她衣服好看。所以，她简直就是学校的百变女王。

一天，小美和几个朋友在操场散步，一个长相帅气的男孩不时冲她微笑点头，甚至在进球后还对小美挥手、吹口哨。小美很得意，觉得自己总是能引起别人的注意。

男孩打完球，径直过来和小美搭讪，而小美也被他的幽默风趣所吸引。其实，这个男孩并不是本校的学生，而是一个社会青年，来学校打球只是消遣玩耍。之后接连几天，男孩都会来学校打球，找机会接近小美，积极地对小美献殷勤，夸她又漂亮又可爱，还时不时给她送些好吃的、好玩的。

涉世未深的小美对这突如其来的"好"很是享用，可她不知道危险也正悄悄地降临。

周五放学时，男孩骑着单车出现在校门口等小美。小美不假思索就上了男孩的车。小美被带到灯红酒绿的歌舞厅后，男孩原形毕露。原来他接近她、讨好她是为了让她在这里陪酒赚钱，小美明白后立即拒绝。可是男孩威胁她并趁机给她灌酒，把昏昏欲睡的小美献给了他的"老大"。

小美的遭遇令人心痛。这件事给女儿的冲击也很大，让她对保护自己有了更深的认识。

中学阶段的女孩，正值青春期，喜欢被赞美、夸奖，再加上单纯、没有心机，几句花言巧语或几包零食就可能陷入骗局。小美就是一直沉浸在那种被人夸赞的美梦中而失去了思考能力，导致没有认清男孩的真实面目。当有异性不断地夸奖你、赞美你时，不要被其迷惑，一定要提高警惕，保持清醒的头脑，当男生向你献殷勤或主动示好的时候，你一定要考虑一下，他为什么这样做。

面对异性，我们要提高警惕性，而面对身边的同性朋友，我们也不能无限制地相信他们。曾经就有一个女孩被自己的"闺蜜"骗了很多钱，有的被骗到歌舞厅做陪酒女，更有甚者被骗到传销组织，后果不堪设想。

女儿，妈妈知道，小美的事对你影响很大，可能会让你误解这个社会，误解周围的朋友。处于青春期的你，不要轻易听信来自身边男孩的夸赞，即使是经常遇到的同校同学，因为我们并不了解他的为人，也不明白他接近你的真实想法，出于礼貌，我们可以与他们保持一定的距离。

不得不说，在我们的成长过程中，有些人是真心对我们好，比如真诚以待的朋友、同窗共读的同学，在接受他们的好意的同时，我们要充分了解他们的为人，接受了他们的好意，我们也要有所回报。女儿，你一定要明白只有父母才会不求回报地对你好，那些你不了解的、看上去对你好的人，说不定在背后都有着不为人知的心思。

女儿，面对这花花世界，你一定要提高警惕，不要被花言巧语和小恩小惠所迷惑。遇事多思考，保持冷静和理智，学会更好地保护自己。

❝ 女儿，妈妈最想对你说：

1. 拒绝那些看似成熟男孩的"糖衣炮弹"。

2. 正确对待别人的夸奖、赞美，保持一颗平常心。

3. 做一个有点小傲气的女孩。

❞

炫富、攀比其实是空虚的表现

01

女儿说，她很想有钱，这样她自己的孩子就会成为"富二代"。

我问她："富二代"有什么好？

女儿说，她的同学小言家里很有钱，穿的用的都是名牌。每年小言过生日，都要邀请好多同学与她一起庆祝。家里还会给她准备一大堆昂贵的礼物，这些令人羡慕的东西，被她说起来都是轻描淡写的。

女儿说这些的时候，满脸艳羡的表情。

的确，孩子有他们自己成长的社会环境，这个环境和成人世界一样，也会存在攀比。谁的衣服漂亮，谁的书包好看，都会让周围的同学羡慕不已。于是大家纷纷想尽办法，去博得别人的注意，攀比的情形也越来越严重。

小真在网上看到一则个人卖二手自行车的广告，那是一款某品牌推出的最新款山地车，大家都梦寐以求能有一辆这样的自行车。令她兴奋的是，这辆车车况很好，九五成新，仅售 2000 元。小真本来就十分喜欢山地车，经常炫耀自己的新装备。这则广告让她十分心动，于是她拨通了网上留下的手机号码。

对方称车是刚买的，因为觉得不适合自己，所以忍痛割爱。小真觉得自己赚了，非常爽快地答应先给对方转 500 元作为定金，并且约定好了交易地点。

小真到了交易地点后，等了好久，却没有人来。于是她拨通对方的电话，对方称已在路上，让小真再给他微信转 1000 元，小真觉得靠谱，立马转过去了，想到马上就能看到心心念念的车，她非常激动，正在这时，对方打来电话，说又有人联系他了，让小真把剩下的尾款直接打给他，他就把车骑到交易地点。小真迷迷糊糊地又把尾款 500 元转给了对方，想到有了最新装备，就可以在朋友面前炫耀一番，她心里乐开了花。可是她等了很长时间，对方还是没来，再拨打对方电话时，已经变成无法接通。

小真这才意识到自己被骗了。

孩子们的攀比心理通常表现为别人有的，自己也要有，而且还要比别人的更好。据传，一名中学生为了炫富，用父母的银行卡玩游戏，竟然在一周内花费了 80 万元，还晒出卡上余额显示剩 5000 多万元的截图。

02

低调是一种修养，一种谦虚谨慎的态度，也是一种与人相处的艺术，做人做事要学会不争、不张扬。表面看起来高调的人，内心其实是十分空虚的，他们只有通过不断的炫耀，得到别人的关注，才会心理平衡。低调的人恰恰相反，他们往往不会把内心的想法拿出来炫耀。如果说高调的人内心空虚，那么低调的人则内心十分强大。

我记得我的高中老师经常说一句话："低调做人，高调做事。"最初我不太明白，后来经历多了，才知道什么时候低调，什么时候高调，什么时候沉默，什么时候张扬。青春期的孩子，没有经历过风雨，也没有做过很多事情，她们大多数时候看到的只是表象。炫出来的，不一定是所拥有的，所拥有的人不一定会炫耀。

女儿，你要学会低调做人，低调并非是默默无闻。该表现的时候表现，该张扬的时候张扬，这样的青春才是无悔的。

66 **女儿，妈妈最想对你说：**

1. 真正的强者，总是喜欢藏锋守拙，不鸣则已，一鸣惊人。

2. 低调才是真正的高调。

3. 真正的富有并非物质的富有，精神的富有才会赢得更多的尊重。

在同学家过夜一定要经过父母的同意

　　家有女儿初长成，当妈的总是各种不放心。尤其是女儿到了青春期，很多妈妈便立下各种家规，如放学按时回家，不能在外逗留，不能去网吧，不能在外过夜……然而，总是事与愿违，青春期的叛逆会因为各种规矩而愈演愈烈。作为过来人，我们也青春过，也是从那个特殊时期过来的，换位思考，或是换种方法，让双方都能接受，岂不是很好？

　　上周五下班回家，一进门便听见女儿在接听电话。

　　"好的，小五她们都去吗？太好了，我问下我妈，然后给你答复！"

　　我一边放包，一边换拖鞋，女儿兴高采烈地跑过来，接过我手里的包，笑嘻嘻地冲我眨眨眼，"妈妈，小明周末邀请我们几个玩得要好的男女同学去她家烧烤、聚餐，可能要玩一夜，小五她们都去，让我也去吧。我保证一早就回来，求求你了！"

　　我一边朝沙发走，一边扭头对她说："如果你是我，你会同意吗？"

　　"妈妈，你是最开明的妈妈、最美丽的妈妈，肯定会同意的。"

"少来，每次你都这样，你可以去聚餐，但晚上不能在小明家过夜！"

"别这样，小五的妈妈都不管，哪有待到一半就回家的道理。那样多扫兴，多不仗义啊！"

她见我态度很坚定，气冲冲地给小明回了电话。回完电话，砰的一声重重地关上门，回了她自己的房间。

我知道女儿肯定生气了，她一定觉得我管得太宽，没给她留面子，让她在朋友面前抬不起头。

看到她这样的表现，我心里挺过意不去的。回想小时候，我也在同学家过过夜，那时的情形和现在不一样，当时社会环境比较单纯，大部分同学的父母都在一个工厂上班，而且各家也就隔着一条街，非常近。此外，我们上学时班级比较固定，生活圈十分稳定。但女儿现在所处的生活环境不一样，她最初在老家上小学，后来才来到这里，初中又换了一所学校，而且小明的父母我也不认识，只在家长会上见过一两次，彼此间并没有来往，相当陌生。再者说，小明是个调皮的男孩子，我肯定不会冒着风险让女儿在外过夜。

可是，青春期的孩子，很难体会到父母的良苦用心，即便是平心静气地和她谈，让她换位思考，她也有千百条理由等着与父母辩解。最近新闻上经常报道，青春期或儿童时期遭遇的性侵案件中有很大一部分是"熟人"作案。我不能直接和她说出我的这种担心，因为我不能随便冤枉小明或是小明的家人……如果我直接教育她，女儿肯定产生抵触心理。不妨换种方式与她沟通，说不定更好。

于是我对她说："这个周末妈妈和爸爸都要出差一周，你得照顾弟弟。"

"啊！"她惊讶地看着我。平时我和她爸担心没人照顾她俩，很少一起出差。

"那我和弟弟怎么办？"她用焦急的眼神盯着我。

"我们想好了，爸爸公司有一位要好的同事张叔叔，之前我们吃饭时遇到的那位，你还记得吗？"

"妈，你们不会是想把我和弟弟送到他家吧？我们完全不认识他，那样我宁愿自己在家照顾弟弟，也不去他家住。"她有些生气地嘟着嘴说。

我忍不住笑了。这时，女儿好像意识到我跟她说这番话的用意。

"你明白了吧？虽然爸爸和张叔叔很熟，但你仍觉得他是一个陌生人，所以你不想住在他家。同样，小明是你的好朋友，但我和他父母却不熟悉，我怎能安心让你在他家过夜？"

"这很合理，可你要我中途离开，太奇怪了，她们会觉得我很不仗义，以后有活动也不会叫我了。"女儿抱怨着。

"这个我可以理解啊，我也曾经年轻过，曾经也很在意朋友对我的看法。但你想想看，烧烤、聚餐这种活动有很多，不用过夜才能玩嗨啊。周末时，你可以请他们来我们家玩，请他们吃好吃的。如果朋友因为你不能过夜就不愿接纳你，觉得你不够义气，友谊的小船说翻就翻，这样的友谊到底是建立在什么基础上的，你觉得这样的友谊还值得拥有吗？"

"所以，你不是真的要把我们送到叔叔家了？"女儿似乎松了一口气。

"当然不是啦，我只是想让你换位思考下父母的用心。"

让孩子明白父母的拒绝，并不是"命令"她不可以在同学家过夜，也不是"强迫"她"遵守"父母的命令。青春期的孩子，父母不能把自己的思想强加给她，她所处的环境还是很简单的，她没有那种强烈的安全意识，这时，需要父母耐心地给予引导，让她学会换位思考，让她打心眼里感受到父母的担忧，而不是让她生硬地接受"为了我好"。

> **女儿，妈妈最想对你说：**
>
> 1. 在外留宿，一定要先征询父母的意见。
>
> 2. 我不是不尊重你，也不是不相信你，只是不想你受伤害。
>
> 3. 妈妈总是考虑的多，你要学会换位思考，我知道你现在不懂，但以后会懂的。

错把"友情"当"爱情"

青春期的孩子很懵懂，随着身体的变化，心理活动也会发生微妙的改变。对于异性的情感多多少少会生出一些奇妙的青涩感觉，而这些都是他们心底的小秘密。作为母亲，一定要敏感地察觉到孩子的微妙变化，让孩子乐于和你分享她内心的变化，这样才能真正参与到孩子的成长中。

女儿从小就有一个很好的习惯，她会把每天发生的事情记录下来。在她的小抽屉里有好几个密码本，写满了属于她自己的回忆。虽然好奇，但我从来没有翻看过。

有一天，我和女儿在家一起看《那些年，我们一起追的女孩》。我禁不住感慨，学校是多么美好的地方，青春是多么的美好。

女儿突然问我："妈妈，上学的时候有人追过你吗？爸爸是什么时候追你的？怎样追的？你又是怎样答应的？"她脸上透着有点坏坏的笑。面对女儿一连串的问题，我竟害羞得不知从何说起。我把我和她爸爸之间曲折的爱情故事认真地给她讲了一遍。她脸上显出一种我从没见过的神情，接着跑到自己的屋里，拿出日记本，打开一页，让我帮她分析她最近比较忧愁的一件事。

那是女儿摘抄下来的几首诗，确切地说应该叫情诗。

1

伶仃长夜

万籁俱寂

我站在窗前

凝望着远方的苍穹

寒风刮过

刺痛脸颊

掠过发梢

拂过思绪

我想象着

对你的思念

会不会也随着这寒冷的风

飘向夜空

2

是谁说过

思念是一种痛

一种无可名状

又难以痊愈的痛

我们的相遇

难道注定是一场迷失的流离

一场彷徨的关注

一场风花的悲哀

一场短暂的美丽吗

3

死生契阔

与子相悦

执子之手

与子偕老

也许我们之间

在错的时间遇到了对的人

虽然我一直未找寻到你

今夜 想说给你听

不是今生无缘

只待来世

不是不相信我

不相信的也许只是那难以预测的明天

那无从预知的期待

4

寒风不停地吹着

卷进了我记忆的深巷

有多少帘后的心事被撩起

此刻又回到那年夏天的雨天

时间可以冲淡一切

但是它冲不走停留在我心中的感动

因为我亲身经历的

我的日记中全是与你有关的文字

或悲伤或欣喜

这种暗恋的情愫没有开始

也没有结局

不知道是友情还是爱情

我相信任何一个母亲看到这样的文字都能猜到自己的孩子可能遇到了什么。她肯定是喜欢上了别人，而且深陷其中了。

女儿跟我说，一个雨天，因为我加班很晚没有来得及去学校接她。当她站在校门口不知道该怎么办的时候，高中部的一位帅气男生提出可以带她一起到附近的车站。她同意了。一路上那个男孩尽力护着她，以至于他的衣服都被雨淋湿了。就这样一个小小的举动，却深深地印在了女儿的心间。他们就那样静静地走过了从校门口到公交车站的距离。男孩自始至终并没有太多言语。

女儿告诉我，她从那天起，再也没有遇到过那位帮助她的男孩，但她的日记本里却写满了与他有关的文字。

我告诉女儿，这样的邂逅确实很美妙，但和爱情没有关系，它只是人与人之间一场美好的互动。如果他们以后还会有联系，这种小小的感动或许会促使他们成为朋友，或许他们的友谊还会升温。我建议，女儿可以写一封感谢信给这个男孩，以表达对他伸出援手的感激之情。没过多久，女儿从书包中拿出学长写给她的回信，似乎有些失望地嘀咕着："高中生就这样的文笔，真的有点囧。"

青春期的女孩极易被感动，很容易把对异性的好感当成是爱情。可爱情是在彼此欣赏、长久信任的关系上形成的。一时的暗恋和仰慕只是一种懵懂的情绪，千万不要把友情当爱情。

女儿，妈妈最想对你说：

1. 志趣相投不是爱，懵懂心动不是情。

2. 正确对待情窦初开，爱护自己、保护自己。

3. 有异性朋友是正常的，交往时要保持一定距离，不要给自己压力。

爱情的花朵早开不得

大多数中学生对于感情还很懵懂，但的确有一些孩子是真的进了早恋的旋涡。

01

之前，我从没考虑过这个问题，一直觉得女儿还小。一心只想好好陪她度过属于她的美好的青春期。令我没有想到的是，她的青春期来得如此迅猛，让我猝不及防。与其说女儿早恋了，不如说她对某位男同学十分仰慕。

我和女儿班上一位同学的妈妈相处得很不错，偶尔会在微信上互动一下。最近她跟我说，她的女儿和班里的一个男生恋爱了，而且她女儿还告诉她，他们班大部分人都有交男女朋友。

有一天她帮女儿整理房间，无意中发现女儿书桌底下有几张彩色的信纸，上面印有漂亮的图案，出于好奇，她忍不住打开了。只见信纸上工工整整地写满了字，最后还用彩笔画上一颗心，上面还有一支"丘比特之箭"。信纸上的内容全是一些表达喜欢的美丽词句，还有几句当下十分流行的歌词，如

"我等到花儿也谢了""想说爱你并不是很容易的事"等。

这位妈妈很生气，想到学校去找这个男同学。我劝她冷静一卜，试想如果女儿知道家长找到学校，那她会怎样？无疑，母女关系肯定会闹得很僵。

我建议她将这封"情书"原封不动地放回去，当作什么也没看见。接下来好好观察她女儿的举动。

虽然很担心，但她还是选择了理智对待这件事。她为女儿买了几本关于青春期心理的图书，让孩子自己阅读。

每个女孩都像精灵一样聪明。孩子明白妈妈的用意，也从书中得到释疑，找到了处理问题的方法。

一天，她女儿把那些"情书"一股脑地都拿给了妈妈，还说："我觉得写得一点也不真诚，这都哪儿跟哪儿呀。"

用正确的方式帮助和引导孩子，相信孩子的悟性。面对喜欢自己的人要学会尊重，但绝不能沾沾自喜，更不能来者不拒，要有自己的辨别能力和控制能力。

02

有的女孩因为没有得到及时的引导而误入歧途，给自己造成了无法抹去的伤害。

初中女生喝农药自杀，不幸身亡，留遗书称早恋被老师发现，不知该怎么办。

13 岁少女因与早恋男友发生争执而产生厌世情绪，于夜间吞下整整一瓶安定片，幸好抢救及时。

初中生偷食禁果，发生宫外孕而导致流产。

恋爱是一种本能，进入青春期后，随着身体和心智的成长，男生女生互相仰慕、吸引，然后发展成恋情，这个阶段所谓的恋爱，也仅仅发乎情止于礼的程度。

我想告诉青春期的女儿，青春很短暂，这是你面对感情世界的开始。美好的事物，我们要学会珍惜，学会加倍呵护。

每个人都会有情窦初开的喜悦，那是青春期最纯洁的一种情愫。情窦初开的少男少女，曾以为爱情很大，可不管多刻骨铭心的爱情都会随时间推移而逐渐淡化，更别说少年时代的爱情。若隔着时间的长河去看，不过是一朵早开的花罢了。

作为妈妈，我们不能把这种情窦初开的好感硬生生地打上早恋的标签，那样对孩子是不公平的。可若为了这朵开得太早不会有结果的感情之花，虚度了光阴，错过了学习的机会，丢失了为之奋斗的理想，当所谓的爱情成了往事，你还能剩下些什么？你会不后悔吗？女儿，假如有一天你真的遇到"两情相悦"的男孩，我会告诉你该怎样和这样的人相处。请记住，花未开时切勿折！

❝ 女儿，妈妈最想对你说：

1. 喜欢上别人是一种正常的情感。

2. 和任何人相处都要有原则、有底线，对得寸进尺的要求要果断拒绝。 ❞

男老师，是一道美丽的风景

"师生恋"在中学时代是一个不朽的话题。

中学时代的女孩子，涉世未深，却都很有主见。在学校接触的异性除了男同学就是男老师，男老师成熟、稳重的气质在同龄的男同学身上是无法体现的，从而很容易使女生对男老师产生仰慕之情。在每个女生的记忆里大概都有一位或举止文雅或风流倜傥或幽默风趣的男老师。这本来也是少女情愫的一种，可是偏偏就有女孩子把这种感觉当作爱情，非要和男老师之间发生点什么，很多悲剧就此产生了。

前段时间回老家，镇上的中学发生了一件这样的事情。新来的男老师英俊潇洒，对工作很热情，对学生也很和气，除了上课外还会组织很多有趣的课外活动。他全身心投入到工作中，却不知道班里的女生都为之倾倒。

直到有一天，班里最成熟的一个女生跑到他的办公室，对他表白，他才意识到，原来老师和学生之间是有必要保持一定距离的。可知道得有点晚了，那个女生说要退学，想当老师的女朋友，并和家里人摊了牌。

后面的情况可想而知，年轻的老师被停职，女孩被父母带回了家。可这一切还没有结束，暑假时女孩跑到学校，约男老师见面，男老师果断拒绝了她的要求。这个忍受着思念煎熬的女孩子最后居然以自焚的方式结束了自己的生命，也了断了青春彷徨带给她的痛苦。

师生之间的情谊，本来是很真诚、很纯洁，也很坦荡的。古语云："师徒如父子"。这种亲密有间的关系，是一种值得我们倍加珍惜的情感。可是青春期的女孩却很容易对年长的异性产生好感，男老师的热情、阳光、专业都让她们心旌摇荡。如果不把握好尺寸，就会让女孩子产生仰慕之情。一旦将这种仰慕变为爱慕，那就失去了师生情谊的美好与纯洁。

女儿，如果你的心灵深处产生了对老师的崇敬、仰慕甚至是暗恋之情，那么，你一定要庆幸你有这样值得仰慕、爱戴的好老师，同时要珍惜这份师生情谊。望你保持那份最初的崇敬，用一颗感恩的心去对待，愿你的成长路上充满阳光。

> **女儿，妈妈最想对你说：**
>
> 1. 师者传道授业解惑，学会尊重老师、尊重自己。
>
> 2. 老师最想看到的是学生用学业进步来回报自己。
>
> 3. 喜欢老师没有错，但抱有非分之想很可能铸成大错。

第3章

网海无边，
理智是岸

校园网贷的套路和大坑，咱不陷

现今社会，网络越来越发达，给人提供便利的同时，也带来了很多弊端。曾"霸占"新闻头条的校园网贷事件频频爆出，让人看了既难过又心痛。

据报道，郑州21岁大学生郑某因无力偿还60万元网贷而跳楼自杀；暑假期间，重庆某同学因借1200元要还6000元而离家出走；常州一大学生深陷校园网贷，短短几月被追债10万……

湖北某大学一名女学生，为了满足自己的虚荣心，打算购买iPhone 7手机，于是申请网上贷款。结果手机到手了，生活却乱了。她在银行透支了信用额度，在亲朋好友面前透支了友情，最后为了还钱竟然想出卖自己的身体，她认为这样来钱更快，还没有利息，就这样一步一步放弃为人的底线了。

校园网贷这个套路和大坑是如何一步一步引诱并吞噬大学生的？

这些APP门槛很低，只需拿着身份证、学生证，再填个表格，不需担保，不需审核，便可获得小额贷款。有的平台甚至还打出"无息"的宣传，这无疑让学生们更加蠢蠢欲动了。

小乐学习很好，家境也不错，为了买一款高档的名牌手表，攒了几个月的生活费，但还是不够。在舍友的推荐下，他下载了一款网贷APP。最初，他只借了 500 元，虽然觉得很丢人，可看到钱很快到了账户后，这种想法就烟消云散了，之后，小乐慢慢陷入了网贷的怪圈。为了还贷，他把自己弄得身心俱疲，最终不得不将自己积攒了十几年的压岁钱拿出来，这才补上了网贷的"窟窿"。

这种"美丽的陷阱"让少数学生越陷越深，甚至不可自拔。在"零首付""无抵押""免担保"等卖点的诱惑下，部分学生不停地贷款，当每个月要还的钱超过了生活费所能负担的额度后该怎么办呢？他们只有找朋友借，而且只能拆东墙补西墙，还不敢和家长说。这些学生便走上了逃课打工还贷之路，导致学期末考试挂科，让老师不待见，父母寒心。这样的生活很累，但为了所谓的尊严和世俗的眼光，他们不能跟任何人讲，只能自食恶果。最后，贷款逾期利滚利，有些学生实在负担不起，便选择了轻生的道路。

花样繁多的网络贷款，已渗透到各大高校，这类事件屡屡发生，你能说大学生阅历浅、三观不成熟而误陷校园贷的怪圈吗？你能说女大学生用裸照作为抵押物是在给名节估价吗？如果不贪图一时之快，会有后面的难堪吗？

在各种悲剧的背后，可以看出大学生风险防范意识的薄弱与消费观念的盲从。当然，网贷平台也存在唯利是图和把关不严的问题。

女儿，妈妈最想对你说：

1. 学会树立正确的消费观念。

2. 不可贪图小便宜，时刻保持头脑冷静。

3. 不攀比、不骄奢、不虚荣、不超前消费。

网络交友有风险，聊天需谨慎

01

现在的学习、工作和生活都离不开网络，人们好像是生活在网络世界里一般。前段时间，上中学的女儿嚷嚷着让我给她配一部手机，方便与老师、同学联系。智能手机越来越普及，我担心她玩手机耽误学习，也害怕她遭到陌生人骚扰，这个问题困扰了我很久。

于是我在微信中建了个朋友群，把身边有孩子上中学的朋友加了进来，和他们探讨该不该给孩子配备智能手机的问题。

朋友 A 说："我坚决反对孩子玩手机，我儿子平时就不爱学习，天天抱着手机、平板玩，微信里的游戏他下载了好几个，朋友圈里每天少不了分享王者荣耀的战绩排名。"

朋友 B 说："我女儿比较乖、比较单纯，我比较害怕陌生人和她聊天，担心她没有防范意识，被人骗了。所以我给孩子用的是只能打电话、发短信的手机。但每周末我会允许孩子用电脑上网，用 QQ 聊天，她的空间以分享搞笑图片和漫画居多，偶尔还会给同学点赞、留言。"……

关于这个问题，朋友们有赞成的也有反对的，我还是很苦恼。堂妹作为"00 后"，告诉我，不要小看了孩子们的"战斗力"，当初她有手机时，在朋友圈给朋友评论了一句"四不四傻"，便遭到爸妈的教育，说她骂同学，还打错别字。她无奈之下，只好把她爸妈的朋友圈给屏蔽了。她说："朋友圈是隐私空间，你总是担心她学坏、被骗，不好好学习，她肯定会越来越反感你，感觉你天天窥探她的隐私，不屏蔽你，屏蔽谁啊！"

面对青春叛逆期的孩子，不能强迫她做什么，你强她更强。引导孩子正确使用网络，是家长们的必修课。与其提心吊胆，不妨告诉她，当有陌生人添加你为好友时，一定要警惕，年龄大的异性要屏蔽，做好安全措施，不随便添加。可以在网上搜一些关于女孩添加陌生人被骗的案例，让她明白危险的存在，理解父母的担忧。

02

关于网络交友不慎的事件经常刷屏。

"新密市女孩小红通过微信摇一摇功能认识了网友张某，聊了几天后，两人相约见面，酒足饭饱之后，醉酒的小红被张某及其朋友拉入宾馆强奸。之后小红裸身从 5 楼跳下身亡。"

"湖南女孩小丽通过微信摇一摇功能，摇到一个曾经两度因强奸入狱的'资深色狼'，结果惨遭强奸……"

这些真实的案例，看了让人震惊，也特别让人揪心。

微信作为网络时代最新型的社交工具之一，被称为"交友神器"。很多女孩通过微信来结交朋友，再加上有地理位置定位的功能，仿佛无形中拉近了两人之间的距离。

微信、微博等新的社交媒体，正在改变着人们的生活方式，微信朋友圈无一不在晒美食、晒娃、晒旅行、晒美照。在这个无限宣扬自我的时代，我们的个性得到了很大的彰显，但如果有些不熟悉的、别有用心的人隐藏在我们的"圈"子里，那将会十分危险。他们通过朋友圈的内容，慢慢地了解你，想在现实生活中找到你，也是一件十分容易的事。如果他们再稍微"用心"与你攀谈，你很可能不知不觉地就落入了他们布下的网。

已是成年人的我们都很难了解、认清陌生人，更何况是心智尚不成熟、涉世未深的孩子了。

03

自从给女儿配备了手机，我总是担心，每天都在想她用手机和谁聊天、聊些什么内容。

于是，我潜入女儿的微信群，一度有被惊到的感觉。一些平时看上去很乖巧的女孩在群里肆无忌惮地说着脏话，露骨地议论着男女之事，这些话完全不该出自这个年纪的女孩之口。还有一个学习特别好的女孩，用炫耀的口吻说自己在贴吧更新的"小黄文"有很多粉丝浏览……真是不看不知道，一看让我目瞪口呆。

青春期的女孩，故意而为的叛逆和越界行为似乎成为校园小潮流，以做乖乖女为荣的时代已经逝去。女儿，我不希望你被这鱼龙混杂的大千世界染黑。作为女孩，你要明白，凡事一定要三思而后行。言谈举止要优雅，尤其在网上聊天，一定要注意分寸，不可太随便。

网络给了我们一个信息丰富的生活平台，但同时这也是一个充满诱惑、欺骗的虚拟世界。网上无论人或事，在真实性和信任度方面都存在严重缺陷。于是，就有一些别有用心的人，借助网络平台招摇撞骗。

女儿，一定不要忘记，害人之心不可有，防人之心不可无。在亦幻亦真的网络世界，与人交流时一定要小心谨慎。利用网络骗财骗色的新闻并不少，为什么有人仍不警醒？恐怕还是有人心存侥幸，不愿意相信坏事会发生在自己身上。

"股市有风险，入市需谨慎"，殊不知网络交友同样存在风险，与人聊天更需谨慎！网络交友时，一定要多留个心眼，对不知根知底的人，绝不能轻易透露自己及家庭的信息，尽量不要与陌生网友见面，以免遭受不法侵害。若遭受不法侵害，也不要因为面子、家庭等原因而保持沉默，一定要学会倾诉并及时报案。要记住，家永远是你最安全、最温暖的港湾。

女儿，妈妈最想对你说：

1. 微信头像不可用真人照片。

2. 屏蔽一切来自陌生人的骚扰。

3. 网上聊天要注意分寸，不贪心，不暴露隐私。

陌生网友要见面，坚决不约

网络缩小了世界的距离，也给那些不法之徒在网络中做见不得光的事以可乘之机。现在的女孩喜欢用微信、QQ等软件和朋友聊天，当然这些软件也让她们结识了一些陌生的网友。

有的女孩甚至为了见网友千里迢迢跑到另一个城市，多数人都是怀着希望而去，满载伤心而归，甚至有人还会被骗财骗色。

网络存在着欺骗性，不但语言可以是虚假的，照片也可以是假的，就连视频都可以造假。涉世未深的孩子，千万要提高警惕，不要被别人精心设计的陷阱迷惑了。

黑龙江女孩瑶瑶是一个单纯的女孩，由于性格内向，她的朋友很少，也没有可以倾心交谈的知心朋友，因此她非常喜欢网上聊天。一个比她大几岁的男孩就这样成了她网络世界里的知己。这个男网友时不时对瑶瑶的性格进行赞美，还说和她这样的女孩交往是一件非常舒心的事情，哪一天要是不和她说话就会觉得很失落。瑶瑶从来没有这样被人赞美过，她觉得自己似乎就是一个很有魅力的女孩子。她和男网友聊得很开心，男网友有任何要求她都尽量满足。聊了一段时间后，男网友提出了见面的要求，瑶瑶想都没想就答应了。她瞒着家人，背着背包，就坐上了去见男网友的火车。结果却让瑶瑶后来后悔不已。原来这个网络形象异常阳光的男孩，实际上是一个坐过牢、打架瘸了腿的问题青年。瑶瑶的贞操就这样在一个自己完全陌生的地方被他夺去了。但她一开始对男网友依然存有幻想，十分同情他，觉得对方像个落难王子。

瑶瑶父母知道这一切后，最终选择了报警，这才把仍沉浸在梦幻中的瑶瑶惊醒。原来，这个男网友是个专业的网络骗子，专门欺骗中学阶段的小女孩，只是之前被骗的女孩都不愿意报警，才让他逍遥法外。

新闻里经常报道，很多女孩沉迷于网络交友，甚至发展成网恋，如"女孩夜会网友遭 6 名男子性侵""误信网友，遭遇色狼，父母被敲诈""16 岁女孩轻信网友，被拐骗"等，这些事让人看着都心痛。我也经常给女儿看这样的新闻，让她了解与网友见面的后果，给她灌输一些安全常识。

青春期是人生中重要的特殊时期，生理变化加上心理变化，处于这个时期的孩子像刺猬一样敏感，时常感到孤独与茫然。他们渴望被认可、被理解、被肯定，需要有人能够耐心地倾听他们的心声。如果此时我们家长没有较多地关注他们，而是任由他们在网络他与陌生网友交往，必会让他们在网络的世界中越陷越深。

对于虚拟世界中的网友，我个人并不强烈排斥，而且在网络世界里有几位聊得来的网友也是很正常的，可我觉得并没有见面的必要。不管是男是女，只要惺惺相惜懂得彼此就好，如果真见了面，可能原有的友情就变味了。

处于青春期的女儿，我更鼓励你去打开自己的心扉，学会在现实的世界中主动去了解周围的同学、朋友，真诚地与他们交流。你会发现，其实完全没有必要在虚拟的世界里寻求陌生人的安慰，你想要的在现实社会中就可以实现。

女儿，你要时刻记住，作为女孩一定要学会保护自己，对陌生网友的见面要求一定要守住自己的原则，坚决不约。网络世界的幻想、美梦与承诺，经常都经不起推敲，不要被披着人皮的"狼"所迷惑。你要提高安全意识，加强自我保护，尤其不能单独与陌生网友见面。

> 66 **女儿，妈妈最想对你说：**
>
> 1. 在虚拟世界里，不要泄露真实信息，避免被骚扰。
>
> 2. 拒绝网友的见面请求，时刻保持警惕。
>
> 3. 父母永远是你最值得信赖的人。 99

网络世界套路多，千万要小心

01

曾经，新闻头条被《罗一笑，你给我站住》这篇千余字的文章刷爆。这原本是一篇充满正能量的、为患有白血病的罗一笑小朋友捐款的"号召文"，但真实的情况却让人大跌眼镜。

这篇短文，确实挺让人感动。收获数十万阅读量和点赞的同时，被打赏的金额连续几天都达到封顶的 5 万元。微信中的"打赏"功能意在保护原创、鼓励作者。可让人没想到的是剧情突然反转，这位罗一笑小朋友的父亲其实家底丰厚，只是为了配合微信公众号营销而"卖惨"博同情。

真诚和善良在这里遭遇"套路"，人们的善心被肆意窃取变卖，为了博名、博利、涨粉儿，大众成了被愚弄的对象，想必每一位献出爱心的人都会心寒。当一切尘埃落定，感动与愤怒慢慢退去，冷静去看，这个事件不算是真正意义上的陷阱，却值得人们深思。

在网上，时常会看到朋友们转发有关"生病求献血""贫困求捐款""帮忙找孩子"等传递救助信息的文章，文章的最后往往都会标明联系电话和募捐的银行账号，这些很多都是骗子提前设好的局。我们的爱心献给真正需要的人才算得上有价值，如果不小心送给了骗子，无疑会助长不正之风。

所以，面对纷乱嘈杂的网络世界，我们应当保持一颗警惕之心。不要被那些带有道德绑架色彩的文字所强迫，应当制止那些拿人们的善良来牟利的精神"碰瓷儿"事件。

有一颗善良的心是好的，但千万不要让善良成为你的弱点。

02

成年人都很难分辨网络世界中的套路，更何况是未成年的孩子。央视曾报道，一名13岁女孩花光了父母的25万元积蓄，竟然只为打赏网络男主播。原来女孩迷恋上了一位网络男主播，只要他主播，女孩便会通过给他送花、送车等打赏方式来与他互动。虽然送的是虚拟的礼物，但这些都需要花钱充值换游戏币购买。这个女孩为了不让父母发现，每次汇款成功后，都将汇款提示短信删除了。

无独有偶，福建省一位12岁的孩子为讨自己喜欢的主播开心，偷拿妈妈的手机充钱购买昂贵的虚拟物品送主播，一个月花了近3万元。

浙江丽水的女孩打赏5名为其代玩手机游戏的游戏主播，共计花费3万余元，直至刷到储蓄卡余额只剩一毛五才停手。

电子产品是社会进步的一大象征，完全不让孩子接触似乎不太可能，也不是聪明之举。然而，孩子的心智尚不成熟，网络中的套路又无处不在，一不留神就陷进去了。也许只是一个简单的小动作，骗子就成功了。每个人都有盲区，但如果自己不知道真假、搞不清对错，是不是应该先去核实信息的真伪呢？从短信到网络，从卖场到售后，任他千变万化，只要涉及金钱方面就要多方核实确认，一定要保持一颗警惕的心。

在这个信息爆炸的时代，每个人都是一个自媒体，网络世界套路太多，一定要谨慎，要有一双识别真假的慧眼。为避免自己中招，除了要提高信息证伪的能力，时刻对不实信息保持警惕，还要提高自身的责任意识，对自己、对他人负责。

66 女儿，妈妈最想对你说：

1. 网络世界有很多新奇好玩的东西，要有节制。

2. 在父母允许的情况下才能使用手机的财务功能。

微信骗局花样新，不要被蒙蔽了双眼

在网络时代，使用微信交流的用户越来越多。"微信大军"的年龄跨度非常大，上到七八十岁的老人，下到几岁的孩子，都在通过微信与亲朋好友联络。微信在为大家提供便利的同时，也出现了很多陷阱。

很多人觉得"我又不傻，陌生人怎么能骗得了我"，感觉超级良好，自信感也爆棚，没有一点危机意识。很多人习惯通过朋友圈晒心情、晒幸福、晒动态等，加微信好友也比较随意。但在你晒生活点滴，进行关注、分享、集赞、兑换等行为时，殊不知一些犯罪分子已经开始打起你的主意。朋友圈的骗局层出不穷，很多人都说它是"坑友圈"，对于涉世未深的孩子，应小心慎行勿中招。

点赞诈骗

"点赞"营销越来越盛，只要积够一定数量的"赞"，就有一定的回报。诸如"集100个赞，苹果6S免费送到家"，这样的骗局居然还有人相信，一个赞价值56元，哪有这样免费的好事。这种看似很诚信的活动，留下不少祸患，等你赞数够了，去联系商家时，你的个人信息已经被窃取了，根本不会有任何礼品。事实是你的信息会以 5 元一条的价格被卖给更大的骗子团伙，不久各种骚扰信息就会"问候"你的手机。

虚假送礼诈骗

虚假送礼这种骗局大多数人都遇到过，支付一点"邮费"就可以获得价格高昂的礼品。例如，一位朋友在微信朋友圈转发"免费领取迪奥香水"的信息，吸引了很多女孩的眼球。如果申请领取，会弹出一个网页，需要填入联系电话和家庭地址等信息。可最后不仅收到的香水是假货，还要为此支付"快递到付"的费用。

所谓的"快递到付"其实是"代收货款"，是骗子以"产品试用"为幌子，做的虚假销售的骗局。他们所骗取的并非只是那"到付"的货款，还有你填写的个人信息。这种骗局没有技术含量，但上当受骗的人却很多，因为大家都贪图那免费的"迪奥香水"。

二维码诈骗

二维码的诞生，在给我们的支付生活带来便捷的同时，其实也暗藏着巨大的风险。一旦操作失误，想要追回损失是很难的，于是就有骗子打起了二维码支付的主意。

如街头随处可见的共享单车，只需微信扫一扫，输入手机收到的密码开锁即可骑行。方便人们出行的同时也吸引了骗子的眼球。有一天，我和朋友去逛公园，走了一会儿感觉太累，便想骑停放在公园门口的共享单车。由于初次使用需要交押金，朋友用微信扫了车身上的一个二维码，进入"租车APP"的下载，很快手机跳出了支付页面，朋友按提示支付了 99 元押金。支付完成后，车锁却并未开启。她以为是系统故障，紧接着又扫描了单车车头的二维码，在第二次支付 99 元押金之后，单车终于顺利解锁。当单车使用结束后，朋友请求退还押金，结果系统只退还了 99 元。朋友这才意识到可能被骗了。

后来才发现，原来自行车上有两个二维码，朋友第一次扫的二维码非共享单车二维码，是骗子粘上去的，结果第一次支付的 99 元押金就跑到骗子兜里去了。

交友诈骗

微信中常有冒充"高富帅""官二代"的骗子与人搭讪，然后跟人热聊，骗取信任后，以借钱、商业资金紧张、手术等为由骗取钱财。现在人们使用微信较多，一些别有用心的陌生人通过"漂流瓶""摇一摇""定位"等功能添加朋友。因此，在网络设置中要保护个人隐私，遇到陌生人加好友的请求时，要时刻提高警惕，尽量不要加到自己的联系人中。

帮助砍价的营销内幕

很多人参加过砍价活动，如将一款原价 6888 元的手机砍到千元以下甚至是几十元。看了这个价格，确实像是在捡便宜。砍价这种营销方式，有的是为了宣传产品，有的是为了骗取关注，更有甚者是为了骗取个人信息。在帮朋友砍价之前，一定要看清楚，避免透露个人信息，以防上当受骗。

被代购骗

"代购"风生水起，微信朋友圈被刷得满屏都是各种代购、海淘等信息。

带着"货真价实""限量发行"噱头的代购商品，成了很多年轻人追捧的新时尚。

一位同事非常喜欢一款包，逛了很多实体店，都没狠下心收入囊中。最近看她心情挺好，据她说心心念念的包包有了着落。原来，她在微信上找了一个做代购的朋友，那位朋友可以帮她直接在国外买回来，价格便宜，也没有其他费用，不仅可以省下一大笔钱，还能买到自己喜欢的包，于是她二话没说就给人家汇钱了。结果，对方收钱后便永久消失了。

不管是网上还是现实中找人代购，一定要擦亮眼睛。

微信骗局花样越来越多，骗子之所以能得逞，无外乎是利用人们爱贪图便宜的弱点。看到那些骗局时，记得擦亮眼睛，仔细辨别，不要让那些所谓的"免费午餐"蒙蔽了双眼，丧失了理智。

66 女儿，妈妈最想对你说：

1. 贪小便宜的代价就是吃大亏。

2. 不要相信天下有免费的午餐。

3. 价格和价值是成正比的。

网络游戏层出不穷，玩儿要当心

01

我作为"00后"的家长，拖着70后的尾巴来到这个世界，好不容易挤进了"泛80后"的新潮阵营，总感觉自己很年轻，思想上也很开明，虽然我没有上代人甘于自我牺牲的理想觉悟，又没有下代人自由洒脱的条件，但我自认为自己会成为一名优秀的"新时代妈妈"。

我的童年，玩具都是自己做，电子产品更是寥寥无几。可到了女儿这代，一出生便被电子产品"包围"，各种网络游戏构成了他们的"童年记忆"。网络游戏犹如雨后春笋，层出不穷，它们犹如催化剂般，把"00后"的思想都给"催熟了"，有些行为和成年人相差无几。曾经那些只关心玻璃珠、动画片的"小屁孩"已难再寻觅，更多的是一群受到网络文化洗涤的"成人化小孩"。

和我一个办公室的李老师，是典型的老教师，她家外孙今年4岁半，从2岁多就会玩手机和iPad，到了3岁就会自己下载游戏，现在还没上幼儿园，可稚嫩的鼻梁上都已经架上了小眼镜。

我的一个朋友在中学教书，她班上的学生都喜欢玩在线网络游戏，如《穿越火线》《魔兽世界》《王者荣耀》等，玩得十分入迷，每天放学回家都要玩并分享战绩，总玩游戏休息不好导致上课精神不集中，成绩严重下滑。她十分困扰，怎样才能把孩子的精力拉回到学习中呢？

有一回，我坐公交车回家，坐我旁边的是一位看上去很稚嫩的女学生，她手里不停地玩着《王者荣耀》。看第一眼，女孩很内向，如果手里不玩游戏，是个很安静的孩子。

我问她："游戏好玩吗？"

她边玩边回答："好玩啊！"（期间头都没抬）

我又问她："为什么喜欢玩游戏？"

她给我的理由是："在游戏里可以过精彩的人生，现实生活中不能体验的，在游戏中都可以。这款游戏可以体验不同的角色、不同的人生，品尝胜利与失败、得意与失意。"听完后我沉默了，陷入了深思。也许她的生活太乏味，可一定要到网络游戏中寻求刺激和体验吗？这其实是心灵空虚和无聊之极的表现啊。作为父母我们是不是要反省一下，其实孩子的童年并不是非要靠电子产品和网络游戏来打发，很多父母发现只要孩子玩游戏就很听话，于是就懒得用其他的方式引导孩子，直到发现孩子沉迷于这些东西才惶恐不已。这时候再想改变谈何容易。

02

有一些小游戏是根据热播剧改编的，如《后宫游戏》《微微一笑》等，非常受女孩子欢迎。有一天，小雪妈妈和我说，她家小雪语文成绩突飞猛进，多谢我女儿引导。我知道女儿是班级的语文课代表，语文成绩很好，但这事我还真不太清楚她是怎么做的。

小雪妈妈说，最近小雪时不时地问她一些古诗词，令她感到非常欣慰，因为小雪之前对语文毫无兴趣，特别是古诗词，背一首诗都跟要了命似的，现在却知道主动学习。原以为是受我女儿影响，但令她没想到的是，小雪喜欢上语文，竟源于一款《后宫争斗》的游戏。

问了女儿后，我才知道，小雪现在是游戏中的"贵人"，需要写一些原创诗来升级做"妃子"，于是虚心向女儿求教。这款游戏没有华丽的界面，也无须天天上线玩，只有一个目标，就是不停地升级。从侍女到贵妃，从贵妃到皇后直至皇太后，都需要不停地升级。小雪为了升级，才会不停地找我女儿一起讨论古诗词，无形中也提高了她的语文成绩。

现在的孩子真是搞不懂，课堂上老师讲的古诗词就很难听懂吗？学校的教育难道比不上网络游戏的魅力？不知是古诗词吸引孩子，还是网络游戏更加吸引孩子？我们虽无法改变孩子生活在网络大环境的事实，但可以对他们进行引导，把玩游戏的兴趣引导到学习中，这样教育的效果可能更显著。

66 女儿，妈妈最想对你说：

1. 网络游戏只是业余时间消遣的方式之一，你的业余时间可以安排得更精彩。

2. 游戏之外的世界更加精彩，妈妈愿意带你一一领略。

网络"毒霾"，戴好心灵防护罩

　　网络世界丰富多彩、包罗万象，让生活变得无比便利，然而网络世界和现实世界一样，隐藏着很多不为人知的阴暗面。打开网络，一些不良网站和违法网站不时地闪现出来，一不小心就会误入那些淫秽网站、赌博网站、暴力网站等。这些"毒霾"隐藏在网络中，让人猝不及防，许多未成年人深受其害。

　　十几岁的孩子，人生阅历还不够丰富，从他们清澈的眼眸中可以看到对知识的渴望。网络以惊人的发展速度影响着人们的生活方式，为人们提供丰富的信息，成为人们视野的世界之窗时，也存在着一些"毒霾"，污染着孩子们的心灵。

　　一款简单的单机小游戏都充斥着"毒霾"，更不要说其他的大型网络游戏了。之前看到过报道，一位小孩聚精会神地玩一款"打麻将"的游戏，每胜一局，屏幕上就会出现一位艳丽的女郎脱掉衣服来向胜利者祝贺，赢得局数越多，其暴露程度越高。最后竟然出现一张全裸照片，让成年人看了都会觉得不堪入目，更别说是小孩子了。这些有意或无意涉足色情网站的学生，有很大一部分已超出当初的好奇心理，受"毒霾"影响太深，以致沉迷其中不能自拔。

青春期的女孩，心智尚不成熟，身心发展尚未定型，对淫秽色情缺乏判断，容易冲动，更容易受到诱惑。此外，青春期的女孩极易对异性产生好感、冲动和幻想，但又羞于开口，于是网络小游戏中的淫秽色情便成为她们探索性知识的途径之一。

面对这类色情推送，女孩们如果一开始没抵挡住诱惑，那么从最初的好奇发展到沉迷，并不需要太久的时间。一位中学老师说，有一次上课时曾没收了一位女学生的手机。手机界面上显示着上网聊天记录，有人问她："需要图片吗？"她反问："什么图片？"对方回答："秋天的落叶。（意为成人图片）"之后，她不仅收到了很多对方发来的图片，还拍了一些自己的隐私部位以一张 10~50 元不等的价格卖给对方。这位老师并没有当面揭穿她，而是在办公室对她认真教育了一番。

女孩，一定要学会辨别色情网站，不要被陌生人欺骗，要懂得拒绝一切诱惑。网络中的"毒霾"日渐"侵袭"中学生的生活，其存在的方式无外乎是色情小游戏、动漫图等。利用中学生的喜好，传播带有色情、暴力色彩的网络游戏、漫画连载等；通过色情聊天，上传淫秽图片，或者购买隐私图，给予女孩现金补助，这种行为还会有圈内"传染"的趋势；还有一种行为是将淫秽图片链接到不良网站，如果不小心点击了网站就会进入色情图片链接网，对于这类图片如果女孩抑制不住好奇心，点开后极易使电脑中毒，电脑中毒不可怕，可怕的是女孩中毒并被洗脑。

作为女孩，上网时如果遇到不良网站千万不可因为好奇而点击进入。如果不慎点击了，要果断退出，并对电脑进行杀毒。青春期的女孩要树立洁身自好的观念，通过正常的、健康的方式去了解自己好奇的领域，或者求助父母和老师，要学会为自己的成长设置一条健康屏障，不要被网络"毒霾"侵害。

现在网络上鱼龙混杂，一些不堪入目的内容一不小心就会跳出来出现在我们的眼前，污染我们的视野与心灵。为了保证孩子健康成长，许多家庭禁止孩子上网，有些学校不允许学生带手机入校，这种"禁网"的方法虽然在一定程度上让孩子远离了网络，但可能让孩子渴望网络的心理更强烈，治标不治本。

不可否认，网络已逐渐成为我们工作、学习、生活和娱乐中的"必需品"了，与其"禁网"倒不如"净网"来保护孩子。在孩子上网前，父母可以下载一些绿色网站，在绿色网站过滤有害信息，让孩子安全上网，以此帮助孩子远离网络"毒霾"，戴好心灵的防护罩。

❝ 女儿，妈妈最想对你说：

1. 面对网络"毒霾"，不要因为好奇而去点击浏览，从而自甘堕落。

2. 学会辨别网站，在绿色无"毒霾"的网站轻松自在地冲浪。

3. 时刻保持洁身自好，全力驱逐网络"毒霾"，戴好心灵的防护罩。❞

网络犯罪真坑人，千万不要蹚浑水

01

作为父母，很多时候觉得自己是最了解孩子的。每天陪伴着女儿，看她哭、看她笑，看着她慢慢成长，难道这就了解她了吗？

相信很多人曾看过一则"表现优异的女初中生网络拉皮条赚钱被判强奸罪"的新闻，这种因网络犯罪的案例被不断曝光，让人看了着实心痛。面对网络世界中的黄毒，被曝光的虽然只是冰山一角，却十分值得人们深思。

作为一名初中生，本应过着从家到学校两点一线的简单生活，可没想到这位成绩优异的女初中生却走进了高墙电网的看守所。据新闻报道，在妈妈的眼中，女孩品学兼优，学习从不让家里操心，从小学到中学考试一直名列前茅；在老师眼中，她是一个文静的好孩子，从不惹事；在同伴的眼中，她阳光、乐观、善良。这个妈妈、老师、同伴眼中的好孩子，为什么会走进了看守所？难道大家平时对她的了解都是假象吗？

原来，这位女孩通过网聊认识了男子杨某，女孩被强迫要求与杨某发生关系后，杨某支付给女孩数千元费用，之后女孩通过 QQ 与其他女孩联系，把人介绍给杨某而从中牟利。真相让人难以接受，女孩的母亲肯定也无法相信自己的女儿能做出这种事。

现在的孩子生活在一个信息肆意传播的时代，受各种价值观的影响，对于对错的判断标准变得越来越模糊。有些孩子为了追求自己想要得到的东西而不分对错，正是这样的想法让不法分子钻了空子，他们利用女孩的单纯无知和虚荣心达到谋取利益的目的。

像案例中的行为，比较容易判别。但是，还有很多孩子在网络中触犯了法律和道德底线而完全不自知。访问色情网站、遭受黄毒侵害、利用网络传播不实信息等时有发生。

02

有些中学生为了和老师作对，上课偷拍老师的照片，然后通过 PS 软件恶意修改，打印后贴到学校的公告栏上，以此让老师出丑。更有甚者，在网上开帖子，虚构事实，把老师和女同学"P"到一起，进行恶意谩骂诬陷，从而达到"报仇"、发泄的目的。这些对他人名誉的侵犯和侮辱行为都构成了犯罪。

网络营造了一个虚拟的环境，身处虚拟环境中的人们可以利用虚拟的身份进行自由的交流，发布自己的思想和言论，但并不意味着可以在网上随意发布任何信息。如随意谩骂、恶搞老师或同学等，都是一种侵犯他人名誉权的犯罪行为。网络给了我们很大的言论自由，却不可"任性"而为。

03

生活在世界上，就要受到法律的规范和约束，无论是在现实生活中还是在虚拟的网络世界，做错事都要受到惩罚。在网络世界中，如果触犯了法律，同样会受到法律的制裁。

女儿，你可以好好利用网络的便利，学习自己感兴趣的知识，这是正确使用网络的方法。让网络为你服务，得到展现自己的机会，必能为自己增添信心。

作为女孩，无论何时何地都不要放松对自己的要求，在现实生活中不能做的事，在虚拟的网络世界中更不要去尝试，坚定自己的脚步，坚守自己的原则，未来的道路才会充满鸟语花香。

> **女儿，妈妈最想对你说：**
>
> 1. 网络世界是另一个现实世界，同样需要自我管理和控制。
> 2. 学会坚守，做一个有原则的人。

第 4 章

做个内心强大、
勇敢聪慧的女孩

骗子无处不在，保护个人信息最重要

生活在象牙塔里的女孩子，总是把世界想象得很美好，然而有阳光的地方就有阴影。我们除了要提高警惕外，还要有一颗坚强的心。即使遭遇欺骗、伤害，依然要坚强地面对。花朵有阳光雨露的滋润，同样也要经得起风雨的洗礼。

"徐玉玉"，这个名字想必大家都不陌生，刚考上大学的她被骗了9900元学费，一时无法接受，竟然晕厥离世。

作为母亲，看到这则新闻，我十分悲愤。我女儿虽然才上初中，希望她以后的人生中不会遇到这样的陷阱，如果遇到了，我也希望她能够明白，我不会责怪她，会和她共同面对，因为钱能解决的问题都不是大问题，所有的伤害终将会过去，安全才是最重要的。

看到好多大学生学费被骗的案例，让我想起我刚上大学那年。那是一个周六，全寝室的人都还在睡懒觉，我突然接到我妈打来的电话："给你打那么多电话，为什么不接？"我妈很少发脾气，我还在蒙眬中，她的一番责备直接把我吓醒了。我说："怎么了？出什么事了？"我妈在电话那头大喊："你怎么住院了？也不给家里打电话！"我听得更加云里雾里的，我说："我在宿舍睡懒觉呢，没有在医院呀。"我妈直接急了："你们辅导员给我打电话了，说你在校外出车祸了，让我们赶紧打钱交住院费。"我明白了，安抚我妈说："妈，你遇到骗子了，我没出车祸，不信让我舍友和你说话。"我直接把电话递给舍友，让舍友和我妈解释。我这事才过了一天，周日我舍友便接到她妈妈的电话，描述的情况跟我的如出一辙，都是出车祸住院，需要打钱。

我们遇到的骗术都是骗子伪装成学校老师给家长打电话，家长接到学校的电话肯定紧张，一听到"车祸""住院"等字眼更是手足无措，这是骗子让家长产生恐惧和焦虑心理。有时给孩子打电话打不通，便直接汇钱了。还好我们的家长保持头脑清醒，我们也没有上课，否则就有可能上当受骗了。

那个时候我还想过，骗子怎么会知道我们的信息，而且姓名、就读学校、父母联系方式等，还说得特别准确。现在无论参加什么活动，都需要实名认证，即使在淘宝买东西，都需要精确的地址和联系方式。在这个信息时代，保护好自己的个人信息显得尤为重要。

女儿虽然还小，但也会面临很多信息外泄的情况。她很喜欢玩朋友圈里的测试游戏，这些游戏需要填写真实姓名、出生年月等信息，或许信息就这样悄无声息地泄露出去了。还有平时网购的快递包裹，上面有个人信息，我们没做任何处理便随手扔了，信息可能就被别有用心的人捡去利用了。

女儿，学会保护自己，从保护个人信息开始。如果你收到类似的中奖电话、短信及网络链接等，不要轻信，也不要打开，骗子就是想利用你的好奇心及贪小便宜的心理让你上钩。如果你"中招"了，经济上的损失一时难以弥补回来，也不要耿耿于怀，更不要陷入内疚自责的怪圈，只怪手段卑鄙的骗子太狡猾。我们需要做的是反省，提高警惕，加强戒备心，保护好个人信息。

即使被骗，也不要太难过，就当是人生给我们的一次历练机会。"失之东隅，收之桑榆"。今天失去的，将来总会从其他方面补回来。而对于那些盗取了我们信息，动机不纯的人，他们失去的是道德和良知，将来一定会受到惩罚，没必要因为他们的罪行而去惩罚自己。骗子无处不在，我们要做的就是提高自我保护意识，保护好个人信息，让骗子无可乘之机。

> 66 **女儿，妈妈最想对你说**：
>
> 1. 被骗了不可怕，提高警惕最重要。
>
> 2. 金钱损失是小事，无须过多自责与自卑。
>
> 3. 时刻要记得，钱能解决的问题都不是大问题。 99

夜跑虽好，但不适合独行

处于都市快节奏生活中的人们，用于休闲和锻炼的时间越来越少，于是夜跑这种锻炼方式，逐渐被许多年轻人接受并推崇。一双舒适的鞋子再加上一副耳机，就可以轻松快乐地在夜间进行奔跑，的确是一种不错的选择。

晚饭后，趁着夜幕降临，出来跑跑步，把一天中遇到的困扰统统抛到脑后，不仅锻炼了身体，精神上也得到了放松，还能趁机欣赏下城市美丽的夜景，让压抑的心灵得以恢复平静。尤其是在夏季，晚风送来的阵阵凉爽驱散了白天的喧闹，忙碌一天的人们喜欢趁着傍晚的霓虹走出户外放松身心。市内广场、公园或街头随处可见"夜跑族"的身影，他们已成为城市夜幕下的一道特殊的风景线。

夜跑虽好，但对于妙龄女孩子来说，却存在着很多不安全的因素。尤其是独自行动的女孩，更是非常危险。新闻报道过许多起夜跑女孩被害的案件，也证明了这一点，这些案件也让夜跑蒙上了一层黑色。

2014 年 5 月，宁波的一名女孩在夜跑中遭遇不测；同年，杭州一女孩在沿杭州市环城北路夜跑途中，遭遇一持刀歹徒劫持，不但手机被抢走，还导致身上多处刀伤。

2015 年 8 月，合肥一名女孩在距离家 3 公里的公园小路上夜跑，在一片草地旁遭到歹徒袭击；同年 10 月，山东某市一名女大学生在夜跑时，突然被一名陌生男子拽上三轮车。

2016 年，20 岁的女孩吕某独自夜跑时失联，后经警方证实遗体被发现，确认被害。

……

一桩桩，一件件，令人不寒而栗。很多人都没想到在公园跑步也能出事，只能感叹现在社会的杂乱。虽然社会各方对"夜跑族"们都进行了友情提醒，可提醒也不能确保夜跑的安全性。

夜间由于行人稀少，视线受阻，犯罪分子便有了可乘之机。所以，"夜跑族"最好结伴而行，尽量选择自己熟悉的路线，或选择人多、活动密集的地点。带上爱犬也是不错的选择，可以增加一些安全系数。此外，可以备一些"防狼利器"，如辣椒喷雾剂、发胶等。若在跑步时遇到陌生男子搭讪，一定要小心，他若尾随，要尽可能往人群密集处跑，以确保自己的安全。一旦遇到危险，要冷静，切勿和歹徒硬拼，不要放弃一切可以逃生的机会。

白天需要注意安全，夜晚更需要。年轻女孩夜跑一定要注意安全，如果时间太晚、路段太偏或没人相伴，可以在家或去健身房锻炼。

> **66 女儿，妈妈最想对你说：**
>
> 1. 晚上最好不要单独外出。
> 2. 如要夜跑，一定要结伴，可在家附近或小区范围内活动。 **99**

乘坐出租车，也要多防范

出租车是人们出行的必要交通工具之一，由于出租车一般都是正规公司统一管理，所以人们的防范意识随之也降低了，导致乘坐出租车遭遇不测的事情时有发生，尤其对于年轻孤身的女性，被侵犯甚至被杀害的案件并不少见。女大学生坐出租车失联、女孩单独乘出租车被害等新闻，无时无刻不在提醒着女性乘车时一定要注意安全。

金华市一吴姓女孩在乘坐出租车时被司机杀害，手段非常残忍；一孕妇，由于长相出众且穿戴名贵，乘坐出租车时引起了司机的注意，最终惨遭杀害……这类恶性事件曾引起不小的恐慌，走在街上看着来来往往的出租车，让人不免心生感慨。

女性一人乘坐出租车，确实是非常不安全的。因为一旦上了车，就和一个陌生人相处于一个封闭的、陌生的环境，很有可能被带到一个陌生的地方，发生什么事是不可预料的，因此上车前一定要有安全防范意识。

虽然我的孩子才上中学，也有一定的辨别能力，但自我保护意识还需要加强。我觉得有必要教给她一些乘坐出租车的安全常识。

单独乘车时，为了保证自己的安全，上出租车前可用手机将车牌拍摄下来，然后将车牌号码发给朋友或父母，让家人知道自己坐什么车、去哪里。乘车期间，要时刻与朋友或家人保持联系，留意行车线路，不要只顾低头玩手机，保持手机有足够的电量，不要和家人断了联系。

上车时，不要坐副驾驶的位置，应该选择坐在后排靠门的座位上。如果发现司机有不良意图或行驶的方向越来越偏离目的地时，看准时机趁司机不注意时开门逃走。

如果上车时手机没电了，也要假装在和家人或朋友联系，告诉他们自己上车了，大概多久能到。无形中给司机压力，即使有不轨之心也不敢轻举妄动。

如果乘车真的遇上劫匪，怎么办？

首先，不直视对方。学会镇定，不要学电视那套试图用正义的眼神去唤醒对方的负罪感，这样只会让事情变得更糟。可以用哀求、装可怜等方式，确保生命安全。

其次，寻找机会报警。抓住任何机会，向路人发出信号或想办法发短信报警。

最后，不要吝惜财物，生命最重要。对方要钱和手机就给他，然后装可怜博取同情，让对方觉得你的威胁不大，对方就会放松警惕，这样保全自己的概率会增大。

如果钱物被劫走了，要记住车牌号或司机编号，以及对方的模样，然后向路人求助或者报警。

> **❝ 女儿，妈妈最想对你说：**
>
> 1. 独自乘车，要时刻把安全放在第一位。
> 2. 若遇到了劫匪，钱财皆可抛，生命最重要。
>
> ❞

"黑车"隐患大，千万别乘坐

相较于出租车，"黑车"的危险性要高得多。所谓的"黑车"是指没有取得交通运输部门相关许可，没有运营资格，擅自从事道路交通运营的车辆。

朋友一直心有余悸的事，就是搭乘了一次"黑车"。有一次她们一家三口出门旅行回来，在机场为了贪图便宜，乘坐了"黑车"回市区，原本在上车前已经谈好了价钱，司机却半路变卦让他们多加100元，否则就把她们丢在高速上。想必无论是谁遇了这事，都会非常生气，可是没办法，在这样的情况下也只能任凭宰割，保全一家安全。

成年人都会遭遇"黑车宰杀"，更何况是单独出行的年轻女孩，乘"黑车"就更加让人担心了。

一女大学生在济南火车站误上"黑车"，被司机绑架囚禁并殴打性侵，所幸获救了；重庆女大学生高某阴差阳错上了陌生人的"黑车"，最终被残忍杀害……

"黑车"属于非法营运。司机的驾驶资格，车况的安全情况我们一概不知。万一出了交通事故，索赔、纠纷处理等都会遭遇麻烦。再说"黑车"司机身份复杂，素质参差不齐，他们经常出现在火车站或地铁站等人口密集点，人多了甚至有拉帮结派的倾向。我们经常可以看到司机通过大声喊叫的方式招揽生意，有的司机为了抢生意竟大打出手。坐在这样的车上，怎么能安心呢？

有人说，有的"黑车"司机经常碰见，脸熟，乘坐应该没问题。可你对他仅见过几面而已，或只是偶尔坐过他的车，怎么可能对他有更深的了解呢？一定要记得害人之心不可有，防人之心不可无，最好不要随意乘坐。

"黑车"存在安全隐患，大家都明白。但在现实中，因涉世未深、贪图方便、便宜、赶时间等种种原因，女孩们搭乘"黑车"遭遇不测的事情也很多。所以，如果我女儿出门，我都会郑重提醒她，无论什么情况下都不要抱有侥幸心理去搭乘"黑车"。

有些"黑车"的外表很像出租车。如果不小心误上了这样的"黑车"，首先不要慌张，尽量选择坐在离司机较远的后排座位，最好是靠车门的位置。因为副驾驶位置只有一侧可以下车，如果遭遇意外情况，就没有周旋的余地。然后，第一件事就是给家人打电话，即使手机没电也要装作给家人打电话，上车后，大概描述一下乘坐的车的样子、准确的车牌号等信息，大概多久能到达目的地等。这样可以给司机造成一种假象，打消他的不良动机。除此之外，还可以用手机随时分享实时位置，让家人或朋友知道你所乘坐的车的行驶方向。如果发现司机行驶方向不正确，先不要着急，提醒他走正确的道路，如果司机还是朝着错误的方向行驶，要想办法要求他靠路边停车。如果司机执意不停车，要学会装无辜，或主动和司机聊天，了解司机的目的，若为钱财，主动把身上的钱拿出来给他，或者主动和他讲条件，让对方觉得你并不危险，而且你的家人朋友知道你的位置，这样他就不会太肆意妄为。

　　总之，如果乘坐"黑车"遭遇意外，要想尽办法，给司机造成心理压力，给自己创造逃脱的机会，切不可与之发生正面冲突，等到顺利脱身后再报警。为了避免悲剧发生，千万不要上"黑车"，一定要坐正规的车。

❝ 女儿，妈妈最想对你说：

　　1. 珍爱生命，安全出行，学会拒绝"黑车"。

　　2. 无论何种情况下搭乘"黑车"都存在风险，在没有大人陪伴的情况下一定不要独自搭"黑车"。

单独乘坐网约车，多留个心眼

网约车在当下比较流行，影响着人们的日常出行，越来越多的人出行都会选择网约车。网约车给人们带来快捷方便的同时，不可否认也存在着一些不可预测的风险。

朋友圈内的一篇帖子《警方通报：女教师搭滴滴顺风车遭司机抢劫抛尸》，曾引起人们的热议并大量转发。讲的是一名女教师夜晚搭乘一辆滴滴顺风车回学校宿舍，不想就此失联，最后这名女教师被杀害。

偶尔没办法接女儿回家的时候，我也动过要不要用打车软件约一辆车去接她回家的念头。女儿同龄的同学有时也会利用打车软件打车回家。但是，这方面的安全也是不能忽视的。那么女孩子们怎样乘坐网约车，乘坐时应注意哪些事项，才可将自己的安全风险降到最低呢？我总结了以下几点。虽然和单独坐出租车差不多，但是网约车要更加谨慎。

上车前一定要核对信息

通过手机软件打车，网络界面会显示车牌号、司机姓名、联系方式等信息，如果发现前来的车辆车牌号和网络界面提供的不符，一定要拒绝乘坐。如果车牌号码相同，可以将网络界面的详细信息截屏转发给家人或者朋友；或者通过打电话、微信语音等方式将所乘车辆信息告诉家人。此外，还可以通过微信随时分享实时位置，以此确保自身安全。

网约车坐哪儿有讲究

上车后，切记不要坐在副驾驶位置。副驾位置距离司机比较近，容易被司机看到隐私。而且副驾驶位置一般危险系数比司机驾驶座位还高，所以乘车时，要选择比较安全的位置。司机正后方的座位相对安全，若在行车途中发生意外，还能减少一定的风险。

不要和陌生人拼车

网约车有顺风车、专车和拼车几种服务，拼车相对更加便宜些。不过，一定要记住，最好不要跟不相识的人拼车，因为有时那些看似拼车的人，很可能和司机是一伙的。

随时注意行车路线

上车后，不要做"低头族"。很多人上车后就自顾自地玩手机、听音乐或者睡觉，这样很不安全。乘坐网约车，要随时注意观察司机行驶的路线，发现异常时要打开车窗大声呼救或用其他方式求救。为防不测，可通过微信向亲友分享实时位置。

遇到危险快速报警

遇到危险时要及时报警求救。如果坐网约车时遭遇侵害，首先要保持冷静，尽可能记住对方的体貌特征，并找机会通过拨打110快速报警，也可以寻找时机向路人求助。

当然，为了避免给坏人可乘之机，女孩出行最好有家长或好友陪伴，避免与网约车司机独处一车，让犯罪分子有机可乘。

女儿，虽然你还小，应对风险的能力还很薄弱，但妈妈希望你能记住，万事都要以自身安全为第一。

> ❝ **女儿，妈妈最想对你说：**
>
> 1. 不单独乘坐网约车，万事要多留个心眼。
>
> 2. 网约车是很方便，方便之余千万不要大意，上车前注意核对车辆信息，随时提高警惕。 ❞

陌生来电，该拒绝时不手软

有天晚饭后，一个陌生号码打来电话，疑惑之下按了接听键。一个充满热情的声音立即传来："喂，吃饭了吗？"

我并不觉得这个声音是经常联系的人，于是礼貌地回答："吃了，请问您是？"

没想到对方生气地说："怎么连我都想不起来了？"

我有些不好意思，但又实在不知道对方是谁，只好说手机联系人丢了。可对方还是不肯给任何提示，我确定这是个冒牌的熟人。于是有点恶作剧地胡乱说道："想起来了，你是小王吧？"

我预料之中的事情发生了，对方非常高兴地回应道："是啊是啊，你终于想起我了！"

难不成遇到手机假熟人骗子了？我边应付边分析着，继续说道："噢，小王啊，好久没联系了，我借你那 5000 块钱过会儿转账给你，你把支付宝账号发过来就行。"

对方迟疑了一下，显然被我这 5000 块砸晕了。但骗子终归是骗子，淡定地说："发你手机上了，等我回家请你吃大餐。"

我忙说："好，等着你。"然后挂断电话，看了短信，直接删除。

让我不得不感叹，现在骗子的诈骗技术真是越来越高超了，不过这一次骗子要失望了，估计他怎么都想不到会被倒"骗"一把，我让他白高兴了一场。

其实这个骗子的技术还不算高超，曾有新闻报道，骗子在拨通电话后，会通过黑客技术盗取你手机的电话本，然后冒充熟人来进行诈骗活动。

作为未成年人，判断能力还很有限，对于陌生来电，最好采取拒绝接听的方式。如果有陌生号码拨打进来，先不要着急接听，看一下是不是老师、同学或朋友的号码，然后再看一下归属地，如果不是本地的，可直接忽略。千万不要担心错过这个电话会错过什么大事，如果朋友找你有事，打你电话不会只拨打一次，若真有重要的事情，对方一定会用其他方法联系你。

曾看到一则报道，一初中女生在家写作业时，突然接到一个陌生号码打来的电话，对方声称是她妈妈的朋友，问她妈妈是否在家。小女孩回答说：不在，妈妈出差去了，爸爸也不在。于是对方便说要来送礼物，小女孩听说对方要来送礼物，就高兴地答应了。没想到，这个声称是妈妈好友的陌生叔叔，竟是一个惯偷，他进门后二话没说就把小女孩绑在椅子上，开始翻箱倒柜地找值钱的东西。

另外，手机号码是我们的个人隐私，不能轻易告知不熟悉的人，尤其是网上认识的一些网友，以免上当受骗。不轻易向外人泄露自己的手机号，可以避免被陌生电话骚扰。如果一个陌生号码不停给你打电话，你不得不接听，可以先接起来听一下对方要说什么，如果对方报的姓名是你认识的人，先询问对方为什么用陌生号码打电话，之前的手机号为什么不继续使用了，了解一下大致情况；如果是陌生人，属于拨错号、推销、诈骗的，不用多说，直接挂断。虽然这种方法简单粗暴，却是保护自己最有效的方法之一。如果陌生号码拨打的是家中座机，接听时要保持警惕心，不要轻易透露家中没人的状况。

泄密渠道防不胜防，陌生电话常有，不管接与不接，这些骚扰电话、短信都让人不胜其烦。面对陌生来电，不给自己的好奇心以机会，不给不法分子有可乘之机，该拒绝时绝不手软。

> 女儿，妈妈最想对你说：
>
> 1. 接到陌生人的来电，不心软，直接挂断，保护自己。
>
> 2. 当心手机中的假熟人，冷静分析，谨慎对待。

吸烟、喝酒危害深，千万不要不当真

01

作为女孩，我知道每个人小时候多多少少会有一段叛逆和喜欢装酷的时期。

女儿现在正处于这个年龄段，她前些日子告诉我，对王菲的女儿窦靖童特别着迷，喜欢她的性格、喜欢她的叛逆，尤其是喜欢她的歌声。我多少有些担心，毕竟她的偶像不是一个传统的女孩子。不过我也相信女儿，她的成长有她自己的轨迹，我并不会刻意去过多干涉。

可是有一天，当我帮她整理房间的时候，却发现了一盒精致的女士香烟。我很震惊，女儿平时并没有表现出很叛逆，不至于走到吸烟的地步。于是我把她叫来，问她到底怎么回事，什么时候学会的吸烟，吸了多长时间了？她说她对偶像很崇拜，觉得她吸烟很帅很酷，很好奇吸烟的感觉，就买了一盒，但只是想尝试一下那种她认为酷酷的感觉，并不是真的想吸烟。

我故作镇定，选择相信她。耐心地告诉她，吸烟对生长发育中的女孩有危害。而且小女孩吸烟，会让人觉得很轻浮，给人留下一种非常不好的印象，很容易被别人归入不良少女的行列。

女儿听了，低着头，显得有些不好意思，毕竟她总是以追求优秀为目标。她告诉我，她知道该怎么做，那盒香烟她买后就后悔了。

后来她了解到她的偶像，其实也是一个很独立、上进的女孩，还给我看了有关她偶像的一些报道。虽然偶像的成长之路很坎坷，但她很善良、很独立，面对各方的压力，她处理得很得体。其实这正是我想要跟她谈的话题。

现在的孩子叛逆点无所谓，喜欢张扬个性是本能，不再像我们小时候那样"逆来顺受"。但是，女儿，要记住，吸烟不是酷，我们不能为了酷而酷。真正的酷不是模仿来的，有害身心的行为和习惯坚决不能沾染。

02

说完吸烟，我再说说喝酒。

现在的孩子喜欢热闹，常常会找各种理由聚在一起，吃吃饭、唱唱歌，有的孩子还会忍不住想要学大人的样子喝点酒助助兴。因为喝酒而犯错或被人侵害的事情也就多了起来。

女孩喝酒不但对身体健康有害，而且也是很危险的事，酒精会使人兴奋，加上青少年本来就不够理智，喝了酒更容易滋生事端。醉酒状态下，女孩根本毫无防备之心，很容易使别有用心之人乘虚而入。

女孩因喝醉酒，不省人事，而被人侵犯的事件屡见不鲜。所以，一定要有自我控制能力，记住未成年人是不能喝酒的。即使别人再三劝阻，也要控制好自己，牢牢把握自己的底线，不去碰任何酒精类饮品。

如果有什么烦心事，可以和父母、朋友或老师谈谈，千万不可拉着异性朋友去买醉。俗话说：借酒浇愁愁更愁。喝酒不仅影响发育，还会降低记忆力、智力，久而久之会出现注意力不集中、头痛、头昏等现象，思维也会变得迟钝。

03

作为女孩，任何情况下都不要吸烟、喝酒，因为烟酒对身体非常不好，还极易置自己于危险的境地。如果身边的朋友有吸烟、喝酒的习惯，最好能对他们多加劝阻，让他们意识到吸烟、喝酒对身体有害。无论在何种情况下，我们一定要坚持自己的原则，不要被一时的好奇心或诱导所迷惑。

我们不吸烟不喝酒，那些"迷烟"、"迷酒"就不会伤害到我们。面对朋友的劝阻，不要为了别人的面子而背离自己的意愿，可以勇敢地婉言谢绝，时刻告诉自己，不要沾染上烟酒，远离那些危害身体健康的烟酒。

> **" 女儿，妈妈最想对你说：**
>
> 1. 为了自己的身体健康，拒绝烟酒。
> 2. 远离烟酒的诱惑，坚守住自己的原则。

毒品是恶魔的幻术，千万别沾

最近一位在戒毒所工作的朋友突然语气严肃地说，他们所新收了一名吸毒人员。我想这有什么可奇怪的，戒毒所不是每天都有可能收一些吸毒人员嘛。她看着我的眼睛沉重地说，可这次是一个和你宝贝女儿差不多大的女孩，才 14 岁。她平时很叛逆，据说是跟朋友一块唱歌的时候，被引诱吃了摇头丸，接触了毒品后便一发不可收拾。我目瞪口呆地听完，沉默着回到家。

一直觉得毒品离我的生活很遥远，自从听了这件事，我一下子有种如临大敌的感觉。要知道，毒品可不同于其他东西，一旦沾染，就有可能上瘾，对学习、对生活失去兴趣，进而可能会断送一个人的一生。

毒品猛如虎，可是在利益的驱动下，不法分子却昧着良心，引诱他人吸毒，以此来获利。相关资料显示，吸毒的人群逐渐呈现低龄化，未成年人的意志力薄弱，加上好奇心重，禁不住诱惑，很可能抱着侥幸心理去尝试。结果却身不由己地陷入了毒品的深渊而无法自拔。一想到我的女儿和戒毒所的女孩差不多大，我就非常担心，万一有一天她禁不住身边的诱惑，被毒魔入侵，后果将不堪设想。

　　凭借朋友多年的经验总结，一些女孩第一次吸毒，大都是出于好奇和侥幸心理。她们总觉得尝试一下无所谓，又不是长期吸食。可就是因为第一次的无知与无所谓，让她们走上了吸毒的不归路。有的女孩结交了社会青年，被他们拉下了水，于是便放纵自己，跟随他们一起堕落。还有的女孩轻易相信别人，无法拒绝来自陌生人的热情款待，喝了或食用了带有毒品的饮料或食物，染上了毒品，便一发不可收拾。

　　朋友所在的戒毒所之前接收的两个女孩就是因为喝了掺有毒品的饮料而染上毒瘾，自愿到戒毒所戒毒的。这两个女孩被朋友带去夜总会唱歌，两个涉世未深的孩子，面对形形色色的人群，根本无法了解社会的人情世故。后来有两个社会青年过来搭讪并对她们动手动脚，还恐吓她俩喝了一杯饮料，喝完后俩人就迷迷糊糊地跟着两个青年走进了包间，在她俩意识模糊时被侵害了。之后采集她们的血液时，在血液中检测到了海洛因成分。

　　女儿，你知道毒品有多么可怕吗？一位戒毒所女医生曾经以身试毒，进行实验，试图用自己的亲身经历告诉世人——毒品是最可怕的恶魔。这位女医生觉得自己意志力很坚定，决定以身试毒，再戒毒，以提供更多戒毒的经验。她第一次吸，很难受，出现了呕吐的情况；第二次，开始感觉有些舒服；第三次，比较适应；第四次，完全适应。她觉得毒品并没有那么可怕。可是当她觉得自己战胜了毒品时，毒瘾却犹如万马奔腾般冲击着她的身体，当看到她像饿虎扑羊般地扑向毒品的情形时，你就会觉得她之前所做的一切是多么可悲、可叹又可笑。她无法忍受来自身体和精神的双重折磨，自以为可以战胜毒魔，却没想到沦陷于毒坑。为了抵抗来自精神的痛苦，她开始自残，身上没有一处完好的皮肤，最终，因为无法忍受痛苦而割腕自杀了。

　　所以女儿，千万不要相信吸毒后的感觉是美妙的那种鬼话。事实上，吸毒的人在吸食毒品时，毒品随着血液侵蚀大脑，给人带来快乐的幻觉，但这种快乐是虚假的，是以损坏和摧毁神志健康为代价的。

有人说吸毒后，在没有成瘾之前可以凭借毅力戒掉。真的如此简单吗？当毒瘾发作，身体中犹如万条毒虫侵蚀神经，那种痛苦不是一般人所能承受的。所以一旦染上，终生都可能受其影响。

来自一位吸毒女孩的自省："吸毒是人生堕落的开始。因为毒品需要大量的金钱支撑，无论是未成年人还是成年人，钱的来源只能靠双手来挣取，何况未成年人还需要父母给生活费。面对毒瘾，乱花生活费只是冰山一角，为了不让自己难受，什么都做，偷、盗、抢甚至是出卖身体，就这样一步一步走上犯罪的道路。"

不要轻易相信别人的花言巧语，不管对方怎样保证都要守住自己的底线，坚决不碰毒品。面对他人的友情相邀，要坚定地拒绝。特别是来自陌生人的热情款待，一定要谨慎，若对方给的是开过封的食物或饮料，一定要格外小心，我们可以婉言谢绝。千万要记住，不要因为一时的疏忽而葬送了自己的一生，不要觉得毒品离我们很遥远，其实毒魔就在你身边。

> ** 女儿，妈妈最想对你说：**
>
> 1. 坚决远离毒品。
>
> 2. 面对身边的诱惑，要坚守自己的底线。
>
> 3. "常在河边走，哪有不湿鞋"，那就远离河边，走正路。

被骗开房，如何成功避开

外面的花花世界，橱窗里美丽的衣服、漂亮的包包及绚丽的饰品，对青春期的女孩充满了无限的诱惑，让女孩的虚荣心颤动不已。然而，正是因为这种虚荣心，很多女孩在不知不觉中陷入了他人挖下的陷阱。

很多女孩为了得到想要的东西，满足欲望爆满的虚荣心，不惜出卖自己的身体。很难想象，一个只有十几岁的小女孩，凌晨 2 点出现在城市的街头，当然你也很难想象这一天她身上都发生了什么……

凌晨，你在城市的街头看到下面的一幕，你会怎么想？

热闹喧嚣的城市，随着夜深慢慢寂静下来。马路上除了偶尔驶过的出租车，已经没有行人。在寂静的马路边上，一男一女正往路边的一家小旅馆走去。女孩看上去只有十几岁的样子，瘦瘦小小的，而她身旁的男人在约二十几岁。

原来，女孩是一名初中生，她特别喜欢同学背的一款包包，可是那个包的价格太昂贵，以她的家庭条件根本无力购买。她在 QQ 空间写下了这个愿望，于是一个陌生网友便以此诱骗她，声称只要和他一起开房，就帮她买这款包包。这就有了深夜约见网友的一幕。

为了一个包，女孩竟然将自己的身体和尊严出卖了。她还觉得这是公平交易，其实，那个男人完全是利用了她的无知在进行犯罪行为！她丝毫不知自己其实已经被骗、被侵害了。

有很多类似的报道：13 岁女孩被骗开房、15 岁初中生被骗坐台……我都不敢想象，这些未成年女孩究竟经历了什么？

每次看到这类事情发生，我都很心痛。如果一个女孩不懂自尊自爱，没有丝毫的道德底线，没有基本的安全意识，不懂得保护自己，怎能在社会上立足？

这些被骗的女孩都是虚荣心较强的孩子。为了得到自己希望拥有的东西，觉得做什么都无所谓。有些女孩在屡次得手后，竟然把开房当作常态，认为这是一种"社会化"行为，丝毫不认为这是他人对自己的引诱和伤害。

还有些女孩是被熟人骗去开房的，这是一件很悲哀的事。一般来说，我们对陌生人有防范心理，但对熟人一般不会防范，很多人觉得可靠的朋友是不会骗自己的，可是就有一些女孩在不知不觉中跟着熟人走进那危险的境地。

女孩或多或少都有点虚荣心，很多青春期的女孩都有一种渴望得到他人关注的心理，而来自陌生人的赞美会让女孩颇有成就感。于是，一些心怀不轨的人专门找一些能吸引女孩的东西或者事情，来"讨好"或者"奉承"女孩，当这种被宠的感觉一直萦绕在女孩周围，一些女孩便放松了警惕。

女儿，当你面对他人的花言巧语及令人眼花缭乱的物质赠予的时候，一定要有足够的分辨能力，无论对方用什么样的方式来诱惑你，都要提高警惕。你一定要明白，除了父母之外，没人会无缘无故地对你好，尤其是陌生人。

你不知道陌生人隐藏着什么险恶的用心，也不知道他为什么会对你好，所以面对这样的陌生人，一定要尽早远离，学会保护自己。

女儿，妈妈最想对你说：

1. 不贪心，不虚荣，远离陌生人。

2. 女孩一定要懂得洁身自好，要有自尊心，要守住道德底线。

成年异性示好，不得不防

处于青春期的中学生，往往对异性有着一种朦胧的感觉，只要对方表现出对其保护、献殷勤等行为，就会对对方产生好感。很多成年男性就是抓住女学生的这种心理而图谋不轨。

初中二年级的紫萱是个很普通的女孩，最近她总是背着名牌包包、拿着最新款手机在同学面前炫耀，并偷偷地告诉好朋友小丽："我在外面认识了一位'小鲜肉'，非常帅，而且对我特别好，他家很有钱，他想和我处朋友。"

小丽是个聪明的孩子，她觉得这事很不靠谱，便提醒紫萱不要上当、小心被骗。紫萱却很不高兴，回应说："我一没钱，二没颜，能骗什么？你是不是觉得你比我漂亮，而我被帅哥追，你心里不平衡了？"小丽被紫萱气得哑口无言。

一天放学，紫萱带着小丽去见了她所谓的"帅男友"。那男孩开着车说要带她们一起去逛街、吃大餐、K 歌。小丽警惕性很高，婉言谢绝了，并劝紫萱也不要去。可紫萱还是上了对方的车，还满面笑容地与小丽道别。小丽越想越不对劲，便记下了车牌号。

晚上，紫萱的爸妈找到小丽，说紫萱一直没回家，手机也联系不上。小丽便把放学时的事情一五一十地说了，包括她记住的那个车牌号。紫萱的爸爸听后，立刻报了警。在警方的帮助下，最终在一家小旅馆找到了正对紫萱图谋不轨的"帅男友"。

通过这件事，紫萱也认识到了危险，后悔自己不应该贪图小便宜。面对异性的"包包""手机"等引诱，女孩应该保持警惕。

对于异性抛出的金钱、物质诱惑，处于青春期的女孩往往很难招架得住。这些诱惑正好能满足一些女孩子爱攀比、虚荣的心，她们选择相信对方是真的对自己很好，从而失去思考能力，最终导致被骗。

青春期的女孩，可能会面对哪些异性的引诱

青春期的女孩，面对的成年异性主要有长期相处的男老师、步入社会的青年及熟悉的陌生人。这些人群可能在某种欲望的驱使下，会引诱女孩上他们的圈套。

首先，要警惕长期相处的男老师。一些男老师会利用女孩涉世未深，受看过的小说、漫画或影视剧的影响，容易对异性产生幻想的心理，有目的地利诱女生。他们的生活、工作大部分都十分稳定，可以利用职务之便亲近、关心女学生。女孩，千万不要沉浸在美好的幻想中，更不要羡慕师生恋，小心成了"小三"。

其次，要警惕步入社会的青年。步入社会的青年社会阅历浅、游手好闲，还会买一些女孩喜欢的小礼物送给她们。他们的引诱极容易打动女孩的心，但他们真正的目的多半是寻找刺激，不要轻易相信他们的承诺，尽量远离这些人。

最后，要警惕熟悉的陌生人。这类人一般是父母的同事或同学的父母，这些人只是见过面，但并不了解他们的具体为人。这些人拥有丰富的阅历，他们可能利用我们所不了解的事情来引诱我们上当，比如，利用他们的经历、学识等编故事来引诱我们，面对这些人一定要从心底提高警惕。

识破成年异性示好的不同手段

成年异性引诱女孩时，往往会千方百计投其所好。对于女孩，他们常用物质作为诱惑手段，如包包、衣服、饰品及电子产品等。女孩本来爱美，对于这些东西很难抗拒，再加上男士的关心爱护，很多女孩子便会对他们产生好感。

女儿，你一定要记住，面对这样的引诱，千万不要做物质女孩。面对他人的小恩小惠，我们要坚定地拒绝。"拿人手短，吃人嘴软"，不要因为一些小诱惑而落人口实。只要我们不贪不念，就不会给人钻空子的机会，切记不是自己的东西不可轻易接受。

无论怎样，如果有成年异性突然向你示好，千万不要被对方的甜言蜜语冲昏了头脑，我们应该时刻保持警惕，不要被他们给予的小恩小惠诱惑了，要时刻保持头脑清醒。

❝ 女儿，妈妈最想对你说：

1. 无功不受禄，不是自己的不接收。

2. 面对异性的引诱，要学会巧妙的拒绝。

3. 攀比、虚荣要不得，学会自立自强。

娱乐场所，谢绝邀请

每当夜幕降临，霓虹灯下的夜显得格外美。城市里的娱乐场所开始喧闹起来，灯红酒绿的酒吧、歌舞厅便开始了夜的狂欢。而娱乐场所里那些涉世未深的少年的身影显得那么扎眼，让人无奈又忧心忡忡。

一个周末，正好是圣诞节，有朋友远道而来，我们一起在外面吃了个饭，吃完饭时间还早，我们便商量着到酒吧坐坐。酒吧里响着令人迷醉的音乐，人影晃动，大家都沉浸在自己的世界里。我们找了个相对安静的角落坐下来，一边喝饮料一边闲聊。

在人潮涌动的舞池中，最引人注目的就是那些未成年学生。只见一个穿着迷你裙、看上去只有十五六岁的女孩，正与旁边站着的3男2女大声交谈着，看情形仿佛在等人。过了一会儿，来了一个身穿嘻哈服、嘴里斜叼着香烟、顶着爆炸头的男孩。从他的身形、面容和眼神可以看出，应该也是一名中学生。接着几个人便围着吧台坐在高脚椅上，服务生上了一打酒。在烟雾缭绕和酒精的熏陶下，几个学生很快就融入了周围疯狂的人群中，随着音乐摇摆，吸烟、饮酒、大声聊天。

另一个角落里，一桌男孩女孩也高声吵闹，几个人还穿着校服。他们一边喝酒一边吸烟，有的喝着喝着就拿啤酒互相泼，好像是在玩游戏。有个高个子的女孩貌似输了，几名学生便嘻嘻哈哈地抓住她，用啤酒往她身上泼去，女孩不仅不生气，看上去还很开心的样子。

夜渐深，我们已决定离开了，而那些孩子一点也没有要离开的意思。

我问朋友，假如你的女儿也来夜场"嗨皮"，你会怎样？朋友笑着说："直接打，打到不敢出来。"我笑笑，明白这是一句无可奈何的玩笑。

其实很多娱乐场所门口都有"未成年人禁止入内"的牌子，但多数只是一个摆设而已，就如我去的酒吧一般，学生自由出入，没人阻拦，而门口的告示牌变成了可有可无的存在。

这夜难眠，我一直在想这件事。我的担心并不是多余的。娱乐场所一直都是是非之地，绚丽的灯光和劲爆的音乐让一部分小女孩感到好奇和刺激。再看看出入娱乐场所的人，打扮得很前卫，给人一种视觉与心理上的冲击。如果女孩子的意志不够坚定，一旦踏进这种声色之地，离危险也就近了一分。在酒吧里喝醉的女孩更是危险，单纯的她们全然不知在绚丽的外表下，娱乐场所是一片深得看不见底的沼泽之地。

女儿，你要懂得洁身自爱，千万不要因为好奇或为了寻求刺激而前往娱乐场所，只有经受住诱惑，才不会将自己置于危险的境地。不要因为是朋友邀请而不好意思推辞，你完全可以主动劝阻朋友不要到那种场合。生活还有很多色彩，我们没必要将自己的青春浪费在那灯红酒绿的芜杂之地。公园、游乐场到处都可以消遣，不仅好玩，还比较安全。如果时间充裕，不妨做一些有意义的事，如看书、画画等，还可以去做义工，帮助有需要的人，从而让自己的生活更加充实。

> **❝ 女儿，妈妈最想对你说：**
>
> 1. 一定要远离灯红酒绿的娱乐场所。
>
> 2. 不要和任何人前往娱乐场所，即使是朋友。 **❞**

为人处世，要学会给善良加点理智

有谚语说："这个世界，从来不缺善良，缺的是理智和克制。"善良本身并没有错，但一定要学会给善良加点理智。

01

朋友圈常充斥着各种捐款求助信息，看到这类信息大家一般都会纷纷转发，并解囊相助。但是只有转发和捐款才能说明一个人有一颗善良的心吗？

昨天和女儿聊天，她告诉我她看了一个很感人的故事，故事的主人公是一位 8 岁女孩，父亲去世了，自己不仅要上学还要照顾患有精神病的母亲，女儿说："那个小女孩很可怜，长这么大从来没有玩过玩具，在路上捡个发夹都会高兴好久！看得我眼泪哗哗地流！"

我知道这个故事，也为这位小女孩的独立而感动，于是趁机对女儿说："你看，你现在多幸福啊，拥有这么好的学习条件，还有爱你的爸爸妈妈。你想怎样帮助她呢？"

女儿思索了一会儿说："我在想该怎样做，可还没想好，妈妈你觉得呢？"

我故作沉思，决定考验一下女儿对于善良的底线，于是说："要不把她接到我们家照顾吧，怎么样？"

女儿很生气地说："不好！"

我问："为什么？"

女儿说："她来了肯定不习惯，我们也会觉得很尴尬。做好事，要让人家觉得舒服。"

我知道女儿是个善良的好女孩儿，我因此而骄傲。善良一定是要的，但在行使我们的善心时，也需要一点理智。我肯定了女儿的想法。如果我们对需要帮助的人伸出了援助之手，却让他们觉得不舒服，不妨换个方式表达我们的善心，这样对大家都好。

02

当求助信息不受监控地流向社会，它就可能会成为恶的来源，因为有些人会利用人们的善良牟谋取利益。

就拿微信朋友圈中反复上演的筹款来说吧，"轻松筹"演变成"轻松骗钱"的事例并不少。据报道，佛山的卢某在某平台上为患病的女儿筹集了约10万元治病费用，最终孩子去世了，卢某和妻子用善款中的1.3万元去西藏为女儿"做法事"。后来，网友在卢某的朋友圈中看到他最近去度假的照片，不少捐助者直呼"被骗"。一位留学德国的学生患了白血病，在某平台发出了求助信息，起初筹款500万元，后来不知为何改成50万元，很快筹款成功。该事引起媒体注意并报道出来，引起了争议，因为去德国留学的人都知道：在德国注册的大学生，需要购买强制公保医疗保险，治病和药费大部分可全额报销……

也许大家看惯了马路边、地铁里层出不穷的职业乞讨者，对这些人会有警觉之心，而对一些网络众筹和求助者却深信不疑，其实，他们不过是换个地方"乞讨"罢了。即使你很善良，在行善的时候也一定要仔细核查相关信息，审慎对待，用理智为自己的善良把关。

03

大多数女孩本性善良，总是在生活中流露出自己的善心。这是好事，尤其当朋友有困难或者遇到问题时，总觉得能帮就帮。但我们在伸出帮助之手时，一定要给善良加点理智，虽然不能把朋友看成坏人，但也不能没有防备之心。我们在帮助别人的同时，不要让自己陷入险境，绝不可盲目善良。

善良的背后一定要有理智，在自己有限的能力范围内给朋友提供最贴心的帮助才是正确的。不要不分是非曲直，就对任何事情充满同情心，这很容易助长真正的恶。珍惜自己的善意，学会用理智为善行把关，不仅为了更好地帮助那些真正需要帮助的人，也是对自己的善心负责。

> ❝ **女儿，妈妈**最想对你说：
>
> 1. 盲目的善良并非真正的善。
>
> 2. 当善良失去原则的时候，可能比恶还恶。
> ❞

遇以"熟人"为名的骗局，眼睛一定要擦亮

每个人周围都有很多熟人，有事找熟人帮忙，再正常不过。因此，假冒熟人行骗变成了一种常见的行骗方式。而有的熟人也会摇身一变，变成专门欺骗你的"陌生人"，像传销之类的骗局，就是首先对亲人和朋友下手。

在生活中，无论是真熟人还是假熟人我们都要当心，你知道为什么会"杀熟"吗？

记得我上大学时，我的导师给我们出了一个问题：是羊与狼的斗争激烈，还是羊群内部的竞争激烈？每个人下意识的答案一定是羊与狼。因为狼吃羊，它们是天敌，这是自然规律。

老师说，生物学家的观察结果却恰恰相反：在草料不充足的情况下，羊群内部厮杀的激烈程度远远超过羊群与狼的斗争。狼虽然吃羊，但狼吃不掉整个羊群。狼来了，羊就拼命跑，只要狼吃饱了，其他羊就不会死。但是如果草料不够，羊群内部势必会拼得你死我活，因为羊靠吃草活着，而草资源有限，有一只羊多吃了，势必就有另一只羊要少吃，为了生存，羊群的内部斗争反而更激烈。

动物界的内部厮杀如此激烈，更何况人类世界。

邻居陆姐前两天遇到了一个骗局。当时陆姐收到同事发来的 QQ 消息，让陆姐先帮忙转账 5000 元给她亲戚，说有急事，陆姐想都没想就向对方提供的账号转了 5000 元。第二天陆姐见到同事说起此事，没想到对方却说没有向她求助过。陆姐这才意识到被骗了。

无独有偶，有位黄女士说有人冒充她的好友，找她借钱买机票，由于关系好，经常有互相帮忙的情况，所以她同样想都没想就给对方转账了，后来联系了朋友才知道自己被骗了。

这样的骗局几乎每天都在上演。还有另一种情况，更加令人心寒，那就是被真正的熟人欺骗了。女儿告诉了我一件事情。

女儿的好朋友小杨是个很胆小的孩子，有一天，小杨受到好朋友小林的邀请一起去市区运河公园游玩，俩人站在凉亭上拍照，有说有笑，很开心。没过几天，小林就告诉小杨说那天她俩站的凉亭下面是个坟，回家后她妈妈找人算了一卦，说她俩撞了邪，有灾难，俩人需要拿钱消灾。小杨竟信以为真，当天下午便从家中拿了 200 元钱交给小林"消灾"。

小杨拿钱的事情被妈妈知道后，她向妈妈道出了实情。小杨的妈妈觉得事有蹊跷，便给对方家长打了个电话，才知道此事是小林一手操纵的，他妈妈完全不知情。

朋友摇身一变成了骗子，这在成人世界更不是稀奇的事儿，传销组织都是蛊惑那些加入者从自己的亲朋好友下手。所以，与人相处要真诚，但也要学聪明点。

女儿，当你面对熟人借钱、要求帮忙时，无论现实生活中还是网络世界里，都要提高警惕。如果熟人提出帮忙的请求，最好打电话或者面谈，确定真实性。如果真是朋友需要帮助，正好也在你的能力范围内，你可以伸出援助之手。但如果是网络世界里所谓的熟人，一定要谨慎，毕竟你并不真正了解他们的人品，无论聊得多好，也要三思。即使"熟人"说得特别可怜，也千万不可轻信，遇到这种情况，不要犹豫，一定要拒绝。

总之，遇到涉及金钱的事或其他过分的请求时，无论和"熟人"关系如何，都要提高警惕，自己拿不定主意时，可以请教父母。

66 **女儿，妈妈最想对你说：**

1. 鼎力相助，只针对那些值得的朋友。

2. 朋友提出的不合理请求，要学会婉言谢绝。

打扮不另类，青春是最美的容颜

中学时期的女孩犹如出水芙蓉一般，无须多加修饰，那种纯真的气息就是最美的容颜。而很多女孩却不明白这点，总是希望依靠一些外在的修饰来引起别人的注意，甚至穿些奇装异服，脸上浓妆艳抹，让人瞠目结舌的同时也会产生怀疑和误解。

01

不知道大家有没有留意到，青春期的孩子对自己的外表很在意，也开始偷偷地装扮自己，且往往和大人的见解截然不同。我们认为不得体的衣服，她偏偏很喜欢，并敢于把那些不得体的衣服穿在身上，还在你眼前晃来晃去，明摆着要跟你作对。

女儿自从上初中以后，就喜欢穿大一号的衣服，而她的好朋友却喜欢穿紧身的，两人虽完全不是一个"style"，但同样让人感觉别扭。大一码的衣服让女儿整个人看上去松松垮垮、邋里邋遢，但她就喜欢穿，觉得舒服。

如果无关原则，一般情况下我不发表意见，毕竟孩子的成长也需要空间。

相比较而言，女儿的穿衣风格至少和年龄是相符的。不像有的孩子已经开始追求所谓的"个性"甚至是"性感"了。

一个周末，女儿的同学来家里找她玩。那个女孩穿着很短的上衣和破洞牛仔裤。女儿的姥姥打量那个女孩一会儿，对人家说："姑娘，你裤子破洞了，快脱下来，姥姥给你缝缝。"

两个孩子听了，忍不住哈哈大笑。接着她们便把小屋的门关上，捯饬了好大会儿才出来，不出来可好，一出来吓我们一跳。只见俩人都贴了假睫毛，还画了眼线、眼影。由于女儿同学在，我也不好说什么，就让俩人顶着那样的造型出门了。

一会儿，女儿就回来了。她一进门就直接跑进了洗手间，再出来时，脸上的妆已经洗得一干二净。出门时还高高兴兴的，怎么回来像变了个人似的？虽然有些疑惑，但我感觉气氛不太对，就没多问。没过多久，女儿扭头问我："妈妈，是不是我化妆后看起来像个坏女孩？"

我故作平静，对女儿说："你不化妆更好看，妈妈喜欢看你不化妆的样子。"

女儿长出一口气说："今天下午打算和同学去逛商场，走到半路的时候，迎面走来几个男青年，见到我俩就不断地吹口哨，嘴里还大声叫：'美女，交个朋友吧！'我俩被吓到了，趁他们不注意，直接跑开了。"

"当我和同学跑开后，却听见他们在背后说我们妆化得像陪酒女郎似的，还说我们装清纯。"女儿沮丧地说着。

女儿本来只是出于好奇才化妆，通过这件事，想必对于什么样的穿衣打扮比较适合她这个年龄段，她已经有了深刻的认知。

青春期的女孩本来就是一道靓丽的风景，保持本色就好，哪怕脸上长有几颗痘痘，头发有些蓬乱，都是一种美。所以，要相信自己。干净得体的服饰，就可以让你看起来很美，不合适的打扮反而会让你失去青春的本色美。

02

朋友家的女儿小玉，比我女儿大两岁，最近迷上了"奇装异服"，我朋友认为这样穿不体面，让小玉换下来，小玉却振振有词地说我朋友落伍，跟不上时代潮流。我朋友很严厉地表明自己的立场，无论如何都不让她穿，小玉一气之下离家出走了。因为穿着问题，差点引发一场家庭大战。

我听了也觉得非常无奈，因为不光是她家孩子这样，我们周围的好多孩子也这样。

其实孩子这样做，也不是完全没有理由的。第一，他们觉得自己长大了，应该有自己的风格，爱追求与众不同。第二，故意向家长抗议，想要证明自己和家长生活在不同的时代，孩子认为家长老套死板，不能接受新鲜事物。所以，我们不妨换一个角度思考，换一种方式来处理孩子的这种选择。

其实穿那些怪异的衣服出门，也需要很大的勇气，毕竟经常要接受外人投来的异样眼光。在众人的"审视"下仍能保持风格，这样的孩子不也是非常了不起吗？而且，现在的好多电视节目或青春偶像剧里都有这样的穿着打扮，那为什么明星可以这样穿，普通的孩子就不能呢？

如果实在不想为孩子的穿着烦恼，不妨这样做。当看她换衣服时，如果你不想让她穿身上这件衣服的话，可以采用激将法，一直推荐你不喜欢的那件衣服给她。没准她就会觉得奇怪或因为逆反心理的作用，觉得只要是你给她挑选的衣服都老土，没准她就不会穿这件衣服了。这个方法在我女儿身上屡试不爽。

青春期的女孩都想彰显自己的个性，但她们往往不知道真实的自我是什么。作为家长可以敞开心扉与她们交流，对她们的选择表示尊重，当家长开始学会尊重时，她们便会坦诚地和家长交谈。而且，她们心性不稳，不能硬来，她今天喜欢的东西，说不定明天就不喜欢了。她也明白，你是真的为了她好，而不是把你的想法强加给她。

俗话说，强扭的瓜不甜，家有穿奇装异服的孩子时，我们不妨耐心等一等，帮孩子度过这一段对外表有所"误会"的迷茫时期。

> 66 **女儿，妈妈最想对你说：**
>
> 1. 女孩的青春期犹如花季，无须任何外在装饰。
> 2. 每个人都有自己的风格，但要学会适宜地装扮自己。 99

第 5 章

陌生的人，
学会用陌生的方式对待

陌生人问路，指路并不用负责带路

01

每次看到女孩被残忍侵害的报道，我都不由得感慨好几天。女孩的安全问题已然成为一个让人担忧的社会问题。有女儿的家庭，一方面会为女儿的天真、美丽和善良而开心，另一方面又时时担心她被坏人欺骗。说好要培养孩子独立自主的能力，可在这样的社会环境中，又怎么敢轻易放手呢？

我的女儿已经是一个中学生了，有自己的思想和看法，现在不用担心她因为食物或玩具而被陌生人带走的问题。但如果她遇到陌生人问路，我还是很担心。我不排斥和陌生人的交往，而且我也相信，来自陌生人的微笑和问候，能给我们的生活带来温暖，更何况很多熟人都曾经是我们生命中的陌生人。女儿可能受我的影响，对于陌生人似乎没有任何的抵抗能力。

然而，对于不谙世事的女孩来说，陌生人又是危险的。对陌生人问路这个问题，我所持的态度就是，如果恰好知道路线，可以指路但坚决不能带路。

为了让女儿明白我的担忧，我找她谈了谈这个话题。

我问女儿："如果陌生人向你问路，你会给他指路吗？如果他希望你帮忙带路，你会答应吗？"

女儿说："如果知道路线，会给他指路。如果他还是不知道路线，苦苦哀求我带路，我可能会帮他。"

女孩都心软，陌生人就是抓住女孩的这种心理特点，才屡屡得手。可是，让一个小女孩来带路，很有可能被带错方向，并不是一个正常问路人的做法。所以，如果真的需要帮助的人，是不会要求小女孩带路的。为了让她自己明白这个道理，我接着问：

"那如果你迷路了，你会向谁求助呢？"

"警察叔叔、巡警、商铺阿姨或身边的老奶奶，他们应该对当地的环境比较熟悉吧！"

"对啊，你都知道向他们寻求帮助，那些问路的成年人怎么就没想到呢？为什么要让一个小女孩来带路？"

女儿若有所思地说："也是啊！他们那么相信我能帮到他们吗？毕竟我也是个小孩。"

我顺势说："这种情况是不是该提高警惕呀，万一对方以让你带路为借口，有不良企图怎么办？"

女儿暗自沉吟，陷入思考中。

我告诉女儿，如果处在都市繁华路段或周围有很多人时，遇到陌生人问路，顺路时可以陪他走一段，然后借机赶快离开。如果不顺路，给他指明方向就可以了。即使他百般求助，你也千万不可独自去给人带路，确保自己的安全最为重要。

如果在比较偏僻的路段遇到陌生人问路，最好不要搭话，我们可以婉言拒绝："不好意思，我也不太清楚。"然后快速走开。此时学会拒绝他人，既保护了自己，又帮助了他人。

02

我有一个侄女，比我女儿午龄小，长相甜美可爱。来我家小住了几天，我怕她出门被骗，就问她："如果有陌生人问路，你会怎样做？"

侄女果断地回答："我就假装没听见！"

我惊讶地问："为什么呀？"

侄女的回答依然果断："因为不能和陌生人说话！"

这句话倒是家长和老师常挂在嘴边的。听了侄女的回答，我觉得她的自我保护意识比较强。作为家长，我们首先考虑的是孩子的安全问题。拐卖人口虽然是重罪，但是偏偏还有不法分子不顾法律的惩罚，有很多人贩子都是以问路为名接近孩子的。

也许有人会问，面对陌生人的请求帮助，如果大家都不闻不问冷着脸，这世界是不是变得很冷漠了呢？

其实，这个世界上的陌生人大部分和你我一样，并没有恶意。所以，我们要让孩子时时提高警惕，但是也没有必要草木皆兵。如果陌生人问的是我们知道的地方，可以礼貌热情地帮助指点一下方向，但对方如果要求你带路，要选择拒绝，懂得拒绝才能更好地保护自己。如果对方以财物来引诱你，那更说明他居心叵测，此时不管他长得多么慈眉善目，说话多么温柔和善，你都要提高警惕，赶紧找机会离开。

03

如果遇到开车问路的人，那更要提高警惕。现在的车一般都装有导航定位系统，只要输入目的地，系统就能给出路线。

有个女孩就遇到了陌生人开车问路的情况，她给对方指完路，对方又苦苦哀求她上车帮忙带路，在女孩犹豫时，她突然被人强行拉入车内。上车后，车上的人逼迫女孩给家长打电话，要求她的家人带巨额现金来交换。正是女孩的善良，让自己陷入了危险的境地。

坏人并不一定都长着一张可憎的面孔。他们非常善于伪装，从表面上很难看出他们的不良企图，他们甚至还会装出一副可怜的模样来博得你的同情。所以，路上遭遇陌生人问路、搭讪及提出的各种请求时，如果是和朋友们在一起，可以给予适当的帮助；如果只有自己，而且又在人比较少的环境，就必须果断走开。毕竟，如果对方真的需要帮助，求助的办法很多，不一定非得向孩子求助。

每个人都会有向别人问路的时候，别人也会向你问路。但如果真的需要得到帮助，肯定会找自认为能够提供确切帮助的人。

我问过一些小朋友："如果迷路了，怎样寻求帮助？"他们都表示会优先找警察、附近商铺的阿姨等。

相对于一个小女孩，有更为靠谱的可询问者。所以，女孩子们千万不要觉得自己没有尽力帮助别人而不好意思。

当你正需要寻求帮助时，过来一个陌生人说要帮助你，你同样要提高警惕。

> **" 女儿，妈妈最想对你说：**
>
> 1.面对陌生人的问路，在确保自己安全的前提下，可以帮助他人。
>
> 2.如果周围环境安全，对方是长者或女性，可以指路，但不要亲自带路。 **"**

陌生人搭讪，警惕的神经要绷紧

01

一日，孩子他爸郁闷地回到家，完全没有往日的兴高采烈。我和女儿都很疑惑，他这是怎么了。

只听他委屈地说："唉，我今天去了一个陌生的地方，那边路况复杂，我就向路边一个独自走路的小女孩打了个招呼，想向她问路，结果我都还没开口说话，那个女孩转身就跑。真是，我看上去像是坏人吗？"我扑哧一声笑了，女儿却得意地说："你这是人品问题。"孩子他爸很是无语："怪我咯！"当然这只是玩笑。

看来这个小女孩对陌生人的搭讪有很强的防备心理。搭讪是指为了想跟人接近或把尴尬局面敷衍过去而找话说，也就是我们常说的没话找话。

在日常生活中，我们的确会遇到陌生人问路、问时间、闲聊及要求带路等情况。其中有那么一部分人是以搭讪为幌子，真正的目的其实不可告人。

我们先来看以下新闻：

镜头一：女孩回家路上被搭讪，遭陌生人持刀抢手机

一初中女生走在放学回家的路上，迎面走来一个陌生人，陌生人向她问了时间，然后一路尾随她。走到人少的地方，陌生人突然拿出小刀，先是向女生要钱，后来发现现金不多，便把她的手机抢走了。

所幸的是这个只是劫财，并没有发生谋财害命之事。

镜头二：女孩外出遇搭讪，碍于面子遭侵害

北京一女孩，独自去郊区游玩，在地铁上被一帅小伙搭讪，女孩觉得与这个帅小伙相遇是缘分，聊得很投机，互相有种相见恨晚的感觉。两人在同一站下车，小伙子非要请女孩吃饭，女孩碍于面子，便跟着去了。结果小伙子给她喝了掺有迷药的饮料，并将其强奸。

镜头三：不归的上学路

15岁的晓君是一个活泼开朗的高一女孩，谁也没有想到，一句来自陌生人的搭讪，一次热心的帮忙，竟给这个女孩带来噩运。

某天清晨，晓君像往常一样吃过早饭后，背起书包上学。一个陌生人见晓君独自一人，便上前搭讪，请求她到店里帮忙。热心且单纯的晓君，面对需要帮助的陌生人时，她并没有丝毫犹豫，便走进了陌生人的店里。当晓君进入店内后，陌生人便对她进行熊抱，然后将其掐晕强奸。最终，这个陌生人怕行迹败露，用极其残忍的手段将晓君狂捅致死。

尽管后来凶手被严惩，却无法抹去受害者家属内心永远的伤痛。没有人知道，这个女孩的父母面对这样的结果，度过了多少个含着泪水的不眠之夜。而这样的悲剧并不是个例。

……

这些女孩因为对陌生人缺乏必要的防范心理而使自己陷入险地，古人说

"防人之心不可无"，我们要时刻保持警惕。作为女孩，一定要远离来自陌生人的搭讪，提高防范意识。

02

青春靓丽的女孩可能遇到各种搭讪、各种"好意"、各种要求"给面子"的机会更多。那么，遇到这些情况，我们如何拒绝这些"心怀叵测"的家伙，来保护好自己呢？千万不要以为对方只是因为你长得漂亮，想和你多说几句话而已，他们可没有那么简单。

"要想不被别人拒绝，你最好先学会拒绝别人。"一味地逢迎、妥协、逆来顺受并不会得到别人的尊重。有陌生人向你搭讪，一定要学会拒绝。无事献殷勤，非奸即盗，所谓的搭讪，不过是迷惑人的陷阱。除了现实中的陌生人搭讪，在网络中也会有一些不怀好意的陌生人，通过微信、QQ 等跟我们搭讪，对于这种情况，同样不要理睬，更不要泄露自己和家人的信息。

目前还有一种骗人的把戏，相对于搭讪，更加让人措手不及。当骗子看到有女孩独自走在路上，就会尾随上去，并与其拉扯，就算女孩大声呼喊，周围聚集了很多人，骗子也不害怕，骗子往往会说"我们是熟人""这是我女儿""这孩子不听话"等来迷惑周围的人。面对这种情况，首先不要歇斯底里与骗子发生争执，应找机会逃脱，实在逃脱不了，就大声喊叫，抓住一个围观的人或通过破坏别人的东西来引起关注，请求对方帮忙报警，这样获救的概率就会大一些。如果只是一味地喊叫，让人帮忙报警，围观的人都不会认为你是在向他求救，从而减小了获救的可能性。

虽然我一再教育孩子不要理会陌生人的搭讪，却很难做到万无一失。现在的陌生人伪装技术特别高超，尤其是一些带小孩子的妇女。所以，抱以同情心的时候也要提高警惕，否则受伤害的就将是自己。涉世未深的女孩，在遇到陌生人搭讪时，要绷紧警惕的神经，学会善用拒绝、向外界求助、报警等多种方式保护自己。

> **女儿，妈妈最想对你说：**
>
> 1. 面对陌生人的搭讪，防人之心不可无。
>
> 2. 无法分辨身边陌生人的品性时，最好远离，保护自己。

面对"弱势群体"的求助，守住自己的底线

在这个绚丽多彩的世界，阳光的背后依旧隐藏着不少灰暗——过马路扶个老人可能被讹诈，好心给陌生人带路却惨遭杀害。天性善良的女孩，更是成为那些居心险恶之人的最佳"猎物"。坏人往往假扮成可怜巴巴的样子，心软的女孩不知不觉中便进入了他们布好的陷阱。

我们不能把每个陌生人都想成坏人，不能拒绝弱势群体的求助，也不能拒绝做个善良的人，但也绝不能轻信他人，而将自己置于危险的境地。

"黑龙江天使女孩送孕妇回家被诱骗杀害"的案件让人痛心，每个母亲都应该把这个故事告诉自己的女儿。雨天，一名孕妇假装肚子痛为丈夫寻找"猎物"。17 岁的花季女孩在孕妇的"求助"下好心将其送回家，然后喝了孕妇同丈夫早已准备好的加了迷药的酸奶，最后由于反抗其犯罪行为而被残忍杀害。

女孩的善良和毫不设防，给了犯罪者可乘之机。这无疑给当今的父母敲响了警钟，在教育孩子助人为乐的同时，又该怎样防止那些披着羊皮的狼的欺骗呢？

女儿正值青春年少，对周围的人和物充满热爱、正义与善良。虽然从小到大我没少给她灌输自我保护的意识，但面对真实的情景，她能否断然拒绝那些看似合情合理却险象环生的要求呢？借助这则新闻，我觉得有必要和女儿谈谈关于如何应对弱势群体求助的问题。让女儿了解了案件的大致情况后，我和她进行了一场对话：

"女儿，假设你在街上遇到一位孕妇，她说肚子痛让你帮忙送其回家，你会帮吗？"

女儿毫不迟疑地说："会呀。"

"为什么？"

"因为她是孕妇！"

确实如此，孕妇的身份很难让人有警惕之心。这个身份属于"老弱病残孕"中的弱势群体，值得被同情、被帮助，所以能很轻易地打破别人的心理防线。坏人不一定看起来就是猥琐的，有些衣冠楚楚，有些利用老人、残疾人或者孕妇等身份，让人卸下防备，轻易赢得人们的信任。他们最可恶的地方就是利用人们的善良来完成自己的犯罪。

难道除了亲力亲为，我们就没有别的办法来实现既帮助了别人，又避免自己被骗吗？当然是有的。面对弱势群体的求助，我们可以给求助者的家人打电话，或帮忙拨打120等，在没有同伴的情况下不要独自送其回家。同理，如果在路上遇到有人问路，可以帮忙指路，但不要负责带路。如果我们已经尽自己的能力想了各种办法去帮忙，对方却找各种理由提出更多的要求，那就要当心了。

接下来是第二个问题："如果你去送了，会把她送上楼吗？"

"应该不会吧！"

"如果她假装难受，说家里没人，再次求你，你会拒绝吗？"

女儿想了一下说："应该不会拒绝。"女儿又说："但我肯定不会喝她的酸奶。"

一个涉世未深的女孩，面对一而再再而三的求助，内心肯定慢慢会变软，最后被攻陷，毫无防备地进了骗子的家门。不错，不随便吃陌生人的东西，这个是小孩子都知道的。但是当你进了陌生人的家门时，就已经将自己置于非常危险的境地了。喝不喝有迷药的酸奶已不是重点，重点是你的安全防护底线已经丧失了。即使不喝酸奶，骗子也可以利用其他方法把你打晕或捆绑起来，你已经落入了骗子的圈套，无法自保了。所以，送到楼下是底线，千万不要进陌生人的家。帮助别人可以，但要守住自己的安全红线。

> **女儿，妈妈最想对你说：**
>
> 1. 同情心要有，警惕心也要时刻保持。
> 2. 面对弱势群体的求助，我们可以帮助，但要守住自己的底线。

陌生人的车再好，也不坐

01

女孩因为搭乘陌生人的车而被劫持的事件屡见不鲜，如此花样的年纪遭遇劫难，甚至失去生命，实在令人扼腕。一次次血的教训，都在提醒着我们，一定要避免这样的事件发生！

对于女儿，我想要她时刻记住：预防永远比与犯罪分子搏斗重要得多，陌生人的车再好，也不坐。

典型案例

女大学生上错车惨被害

到重庆旅行的小渝，错搭了陌生人的轿车后失联，11 天后，确认因与司机发生冲突被害。因上车期间曾和家人、同学有过通话，凶手最终被抓到。

女孩误搭黑车遭侵犯

小金准备从济南火车站去济南西站转车，她并没有选择乘坐直达公交车或出租车，而是上了热情搭讪的陌生人的"黑车"。行车途中，司机起了歹心将其侵犯，后将其拉回出租屋囚禁4天，其间遭遇殴打和侵犯，后被警方救出。

女学生返校期间失踪

暑期过后，学生匆匆返校，小溪在返校当天与家人失去联系，通过微信、微博、QQ等方式都无法联系上，几天后，噩耗传来，小金遇害。原来她被一不良青年引诱，上了对方改装的所谓的"豪车"。

女孩搭顺风车以为遇到"好心人"，不料被对方侵害

傍晚，女孩从爷爷家吃完饭回自己家时，发现身上钱不够，公交车末班车也开走了。就在这时她遇到了一位"好心人"，说正好顺路送她回家。上车后，女孩心里还默默地感激，以为遇到了好心人，谁料对方竟是色狼。

……

我坚信，以上遭遇不幸的女孩从小都曾被灌输过这样的观念：出门在外，不要和陌生人说话，甚至是不要随便接受陌生人的好意。可为何这些女孩还是没有警惕心、没有安全意识，把自己置于危险的境地呢？

02

女孩爱旅行没错，最近的"搭车旅行"也很是火爆，网上有很多搭车攻略，营造出很多浪漫的相遇。随便一搜，满满的都是各种搭车奇遇、浪漫邂逅等，如"大学生孤身搭车游西藏""单身女孩搭车旅行一百天"等这些所谓的搭车"浪漫"，看似非常美好，让很多涉世未深的女孩极其向往，完全失去了对陌生人应有的警惕心。

对于敢于追求这种浪漫的女孩，我个人表示很佩服，却又很担心，她们

可否想过其中的危险。如果出事了，后悔恐怕是来不及了。

女儿，并不是我们所说的陌生人都是坏人，但你还小、还很单纯，不能把自己的安危放在陌生人的手中。不要去羡慕发生在别人身上的搭车浪漫桥段，浪漫背后隐藏的危险是不言而喻的，无论何时何地都要保持一颗警惕心。

我们确实应该相信人间有爱，陌生人之间也能产生美好的回忆，但涉及生命安全问题，我们必须提高警惕。出门在外，必须时刻保证自己的安全。所以，对于陌生人突如其来的热情，不管是真善意还是假惺惺，都要学会谢绝别人。

也有人说，并不是所有的搭车都会出现恶性后果，事件的发生有一定的概率。可正因为不知下一次会发生在谁身上，我们才更要时刻保持一颗警惕心。

从案例可以看出，很多女孩都是搭了陌生人的车出事的。所以，搭车一定要选择正规出租公司的出租车。如果实在打不到出租车而不得已搭乘陌生人的车，可利用微信、QQ等软件进行实时定位，随时发位置信息给朋友，让有所企图的司机不敢轻举妄动。

> **女儿，妈妈最想对你说**：
>
> 1. 预防永远比与犯罪分子搏斗重要得多。
> 2. 陌生人的车再好，也不坐。

陌生人上门，"不开不开我不开"

01

孩子一人在家，家长最担心的就是陌生人来敲门。不法分子往往通过敲门试探，若发现孩子独自在家，便哄骗孩子开门，然后入室盗窃或抢劫。

女儿小的时候，我经常教育她："一个人在家时，如果有人敲门，可先偷偷在猫眼中看看，无论认识或不认识，都不要开门，也不要发出任何声响。坚持一个原则：不要让门外的人知道只有你一个人在家。"

她总是反驳我，说我在教她说谎骗人！于是我便搬出她最喜欢的电影《小鬼当家》中的经典语录："不要让外人知道只有你一个人在家，并不意味着你在撒谎。"

鉴于她年龄小，我不知道她能不能明白陌生人中有坏人，熟人中也有心怀不轨的人的含义。我担心她小小年纪理解不了，也担心她产生把陌生人与坏人直接画等号的错误认知。因为她总要走出去面对形形色色的陌生人，总是要与陌生人交谈，通过自己的判断来慢慢成长。

但是，孩子的认知能力有限，坏人的伪装手段越来越高明，我不得不告诉孩子，当你孤立无援的时候，危险就在你周围，你要做的就是防范任何不安全的因素。

02

一般来说，面对陌生人敲门，年龄较小的孩子经不住几番引诱便开门了，而中学生最初是有防范意识的，但也会招架不住不法分子五花八门的骗术。随着年龄的不断增长，十五六岁的孩子自我意识增强了，他们自认为已有一定的独立能力、自我控制能力及决策权，也算得上是家里的"小主人"了。在"检修人员"敲门时，"小主人"在决定开门前也经过了分析，认为保证水电煤气的安全很重要，确实有必要立即检测一下，但这样的分析是不全面的，往往忽略了其他的安全要素。

有的不法分子还会伪装成孩子父母的同事、朋友，或者假装成快递人员、物业人员，对于后者，我们成人有时候都会被欺骗，更何况孩子！

一天，我与女儿一起看电视，正好看到有一档节目在讨论关于孩子独自在家时防范陌生人敲门的话题。节目组记者乔装打扮成物业检修人员去敲门，有个独自在家的女孩，看上去有十五六岁，最初一直拒绝开门。但最后还是招架不住"检修人员"的"吓唬"："刚才线路跳闸了，有火花，可能会出现漏电情况，各家各户都要检测一下，很快的。"

"检修人员"入室后，以检修为名，在屋内畅通无阻。这个女孩有问必答，丝毫没有任何防范意识。

我转过头问女儿："如果是你，你会怎样做？是不是和报道中的女孩一样，最初持怀疑态度，然后渐渐地放松警惕，最后把门打开？"

女儿看着我点了点头，然后说："这样做不对吗？"

"不是不对，为什么没有坚持住呢，为什么不打电话告诉爸妈，或者联系小区的物业阿姨问一下，是否有这件事呢？"

我告诉女儿，如果有类似情况，可以请"检修人员"换个时间再来。或打电话问下爸妈，也可以联系一下小区物业阿姨，在有熟人陪同的情况下才可以让检修人员进屋检查。总之，独自一个人在家时，千万不能让家人之外的任何人进来。如果有快递员来送快递，可请他放在门口；若有检修人员来，可以告诉家长或让其过会儿再来；如果对方称是远房的亲戚朋友，一定要先打电话确认后再决定；若是推销人员，提出要借用卫生间或进屋喝水，更要警惕。如果对方实在狡猾，最终进了屋，并露出了真实面目。记住千万不要与其硬拼，也不要盲目喊叫，激怒对方会更危险。切记生命安全永远是第一位，可待其离开后，再想办法报警或联系父母。

> ❝ **女儿，妈妈最想对你说：**
>
> 1. 陌生人进门要警惕，生命安全放第一。
>
> 2. 坚持原则，陌生人敲门，"不开不开我不开"。
>
> ❞

面对热情的陌生人，请谨慎

01

如果你落单了，突然有陌生人跟你很热情地搭讪，你会是什么感受？

是觉得自己很有魅力、很受欢迎，还是觉得莫名其妙、另有企图？

女儿告诉了我一件她亲身经历的事情。

前些天，她和小伙伴们一起去公园玩耍，可她落单了。当她自己在凉亭处拍照时，走过来一个长得挺帅的陌生小伙，极其热情，上来就问她家住哪里。

女儿很直率地告诉对方："对不起，我不认识你。"

对方笑嘻嘻地又问："你叫什么名字呀？"

女儿拉开距离说："我叫什么也跟你没有关系。"

然后那人笑笑说："小姑娘还挺有戒心，连名字都不肯说。"他又问："你多大，上几年级了，哪个学校的？"

女儿说了句："对不起，无可奉告。"然后径直走开了。

讲完，女儿还不忘得意地问一句："你女儿是不是很智慧啊？"女儿的描述确实让我很放心。

其实，对于以搭讪为目的的人凭直觉就可以判断，往往让人有一种不舒服的感觉。毕竟大家不熟，突如其来的热情只会让人觉得这个人另有所图。每个人内心深处或多或少都有一些防备心理，如果对方表现得很热情，只会让人心里犯嘀咕："这人到底想要干吗？"所以，面对陌生人的热情，可以礼貌地离开，尤其是独自一个人的时候更要警惕。

02

微笑、打招呼是一种对人友好的表现。尤其是见到一些外国友人，主动微笑是礼貌的表现。但如果第一次见面就表现得特别热情，肯定让人生疑。

一次下班回家，正值地铁高峰期，人很多，我被直接推搡到最里边的位置。我旁边有位美女，看上去比我小几岁。突然问我在哪站下，我告诉她后，她很兴奋，说我们正好同路。后来，这位美女便开始找话题和我聊。她问我在哪上班，平时都用什么护肤品之类的。

虽然我不知道她这样做的目的是什么，可她接连询问，表现出来的热情让我很排斥。所以，一些涉及个人隐私的问题，我都没有透露。

她比我先到站，下车之前还说跟我挺有缘分，要互相加个微信。我没有拒绝，就加了。加完之后，我看了她的朋友圈，全是一些护肤品推广，原来她与我搭讪就是为了推销她代理的护肤品。虽然没有碰到坏人，但还是让我感觉不是很舒服。如果她一开始就说自己是做护肤品代理的，或许我还不觉得怎么样，但是假装热情关心，来达到别的目的，总让人感觉别扭。

03

想必每个人都不太喜欢商场内太过热情的销售导购。虽然服务行业需要热情，但有些导购热情过度，反而让人很不舒服。

很多时候我们走进一家店，本来只打算随便逛一下，可从一进门开始，有的导购便一直跟在后面热情地推荐新品，寸步不离的，让人很反感。

面对陌生人过度的热情，不安是正常的反应。同样，对于不认识的人，彼此都是陌生人，亲切一点可能会给人留下好感，但是过度的热情反而让人不会产生好感，甚至还会造成反感。

有的人自来熟，觉得跟谁都聊得来，见谁都是一种相见恨晚的感觉。其实这样做真的很不好，很容易给那些图谋不轨的人以可乘之机。

女孩子要学会矜持，面对陌生人的热情要谨慎，提高自我防范能力，建立起面对陌生人时应有的进退态度。

❝ 女儿，妈妈最想对你说：

1. 面对陌生人，不过分热情，也不要太冷淡。

2. 来自陌生人的好，一定要学会分辨再决定是否接受，保护自己最重要。❞

行李物品不给陌生人看管，避免"人在囧途"

01

如果有陌生人看见你拿的行李多，主动提出帮忙时，你会怎样做？

女儿学校离家较远，所以选择了住校。第一次离开家，她开心地收拾行李，大包小包地整理着，恨不得把整个家都搬到宿舍去。好不容易迎来了假期，我打算去学校接她，结果我还没到学校，她就给我打来电话，哭着说行李不见了。

原来女儿那天带着两个行李箱，路上她想去卫生间，可不知道怎么安置自己的行李。这时站在女儿前面的一位阿姨说有事想请女儿帮她照看一下行李，女儿欣然答应，等对方回来，也让阿姨照看一下自己的行李，对方也毫不犹豫地答应了。

可等女儿从洗手间回来后，那位阿姨却不见了，自己的行李也不见了。

通过这件事，女儿警惕心高了很多，再也没有将自己的行李交给陌生人看管过。

刚走出家门的学生，涉世未深，对陌生人的求助往往也不假思索。她没有办法将和蔼可亲的阿姨和坏人联系在一起。

现在的骗子往往都进行了一些伪装，经常采取一些手段先博取你的信任，再调包或拿走你的行李。

有一个女孩就遇到过这种"好心人"的帮助。暑假回家，女孩必须先坐地铁前往火车站，而此时正值上班高峰期。她提着一个大行李箱，上车非常困难。

这时，后面有个陌生小伙提出让女孩帮他拿着自己的小包，自己帮她拎行李箱。女孩觉得遇到了好心人，于是就把自己的行李箱交给了小伙，自己拿着对方的小包。

女孩吃力地挤上了车后，回头要跟后面的小伙子换包，可怎么也看不到那个小伙了。这时女孩慌了，她的行李箱里有钱包、学生证和身份证等重要物品。女孩急忙下地铁，找到巡警帮忙报警。然而，通过查询监控并没有找到那个"帮助"自己的小伙子。而对方给她拿的包里，只是一些旧报纸。

对于陌生人主动提出的帮忙，我们要谨慎对待，避免"人在囧途"。

02

女孩子出门携带的东西一般都非常多，大包小包好几个，这样极易招来不怀好意的"好心人"。行李太多，乘地铁过安检时也不方便，"马大哈"的女孩还会把行李落在安检处。为确保人身财产安全，外出时最好减少随身携带的行李，避免出现大包小包的情况，行李可以规整到一个包内。

如果必须携带很多，一定要把行李物品放在自己的视线范围内。即便因行李多而带来不便时，也不要把行李物品交给看似好心的陌生人看管。可以就近找个超市，把行李寄存在超市的存包处，办完事后再回来取行李。如果只是想去卫生间，可以把行李带进去，或求助门外的管理员帮忙看一会儿，但一定要把贵重物品，如手机、钱包、银行卡和身份证等随身携带。

如果孩子上学，行李较多，父母可以帮忙送上车。在火车上，尽量不要把行李放在座位的正上方，这个位置是盲区，若有人调包很难发现，最好将行李放在视线范围内。提醒孩子，当有人下车或来回走动时，要时刻注意自己的行李，以防被人拿错。若怕行李被拿错，可以在行李箱上贴一些特殊标记，如卡通图贴或人物画等，这样就能很容易地辨认出自己的行李。

> **女儿，妈妈最想对你说：**
>
> 1. 出门在外，贵重物品要贴身保管。
>
> 2. 陌生人好心帮忙，接受的同时要保管好贵重物品。
>
> 3. 若有急事需要人帮忙，记得找警察或执勤人员，以免遇到不靠谱的陌生人。

第 6 章

"狼" 来了，
用智慧来抗衡自身的恐惧

女儿，如果有人打了你

每个女孩都是上天派来的天使，孩子最初的是非观和价值观如同一张白纸，大人怎么引导，她就会有怎样的认知。

01

还记得那个讨论得沸沸扬扬的话题吗？你的孩子如果被别人的孩子打了，你会做怎样的引导？记得当时家长的观点有很多，最值得思考的有以下四种观点：

1. 用合适的方式告诉其长辈。

2. 要尽量避免发生正面冲突。

3. 如果不是什么大事，则要懂得吃亏。

4. 打回去。

记得女儿小时候，我带她回乡下老家住，邻居的小男孩来找女儿玩，他俩年龄相当，很容易玩到一起。那天，小男孩看上了女儿的玩具，可女儿不愿意给他。小男孩便动手抢，结果争执了起来，但女儿始终没让给他。只见小男孩朝女儿脸上打了一巴掌，玩具掉了，他开心地捡起来玩具就走。

女儿一直都很乖，但面对新买的玩具被人抢走这样的事情，却表现出了无比的勇敢。她快速追上小男孩，一把将玩具夺了回来，男孩被女儿突如其来的拉力拽倒了。小男孩便哇哇大哭起来，我立刻跑过去，小男孩哭得更委屈、更伤心了。

小男孩的奶奶闻声赶来，一过来就说我女儿欺负她孙子了。女儿撇着小嘴低声说："是他先动手打我的，还抢我的玩具。"我看到女儿脸上还有些红印，知道她没有说谎。而且我以前总教育女儿要大气些，对小朋友要忍让，所以她一般不会主动动手打人。

男孩的奶奶护犊情深，不了解事情的起因就斥责女儿，让我很不舒服。或许在她看来自家孩子打了别人的孩子无所谓，但一定不能让自家孩子吃一点点亏。多说无益，我便把女儿抱走了。女儿一直在我耳边小声地说："妈妈，我没有错，对不对？打人是不对的，他先打我，我没有打他，只是拿回属于我的玩具，我是不是很勇敢？"

这是女儿第一次面对别人打她的情形，她没有哭、没有闹。我感到很欣慰的是她的理智，以及分析是非曲直的能力。

很多时候表面上是我们在教育孩子，可孩子又何尝不是在教育我们。每当看到女儿与别的小朋友相处时表现出来的豁达，我都很欣慰。心有多宽广，你的世界就有多大，孩子的格局就是父母格局的反映。

02

我曾看过一则故事，一位妈妈带着 5 岁的小女儿在公园玩，妈妈坐在树下看书，小女孩在草地上奔跑，孩子一边跑一边笑。突然，小女孩被几个嬉皮笑脸、高出她半个头的男孩呵斥，没等小女孩反应过来就被推倒了。

小女孩立刻爬起来，看了下妈妈，但并没有请妈妈过来帮忙，而是继续玩自己的。那位妈妈就这样在一旁看着，放手让女儿自己处理问题。

几个小男孩又想推小女孩时，小女孩大声喝道："住手，刚才你推我，我可以原谅你，但你再推我，我就不客气了。不过，你们要是想跟我玩，我可以把兜里的糖果分给你们吃！"

没一会儿，几个小朋友就融洽地玩了起来，还玩得不亦乐乎！

当孩子被其他孩子欺负时，溺爱孩子的父母可能会冲上去恐吓几个男孩，甚至是教育几个男孩一番，护犊的父母可能还会帮着孩子打人。其实，在孩子眼中这只是他与其他小朋友之间的小冲突而已，若父母掺和进去了，事件的性质就变了，或许父母的举动还会让孩子受刺激。当孩子面对困难时，总是觉得有父母撑腰，极易养成用暴力解决问题的习惯，这样就不好了。

03

当孩子被人打了，我们做父母的该怎么办呢？

我觉得，一开始可以让孩子自己解决，正好可以锻炼孩子的社交能力。要知道，孩子爱憎分明，相信他们的判断，不要直白地告诉孩子"你不能打"或"你必须打回去"。直接告诉孩子"你不能打"，会让孩子养成懦弱的性格，而"你必须打回去"则会让孩子变得不理智，习惯用暴力解决问题。我个人的意见是学习一下案例中这位理性的妈妈，让女儿从小开始学会独自处理自己所面对的问题，大人不分青红皂白地参与进去，只会扰乱孩子的判断，有时还会助长孩子欺负别人的心理。

曾经有位朋友说过：每个人的胸怀都是由委屈撑大的，你有多大的胸怀就受过多少委屈。

当然，若有人存心欺负人，我们当然要打回去；若只是一些小事，我们可以退一步。你会慢慢明白，受一点小委屈会迎来很多小伙伴，会体验到更多的快乐。一个人一定是经过情感和事业的打磨之后，才建立起了自己的内在格局，打开胸襟，最终从小小溪流奔向大海。

女儿，妈妈最想对你说：

1. 要学会坚守"不进一寸，也不失一毫"的原则。

2. 面对恶意的欺负，一定要披好铠甲保护自己，勇敢反击。

与小偷过招，量力而行

01

想必大部分人都有被偷的经历吧，现在的小偷相当猖獗，他们脸上没有标记，看上去和其他人一样。有些男性小偷穿得十分绅士，不容易引起人们的注意；还有些女性小偷打扮得很时尚，降低了人们的防范意识。在面对形迹可疑的"帅男美女"时，一定要提高警惕，不要被她们的外表所蒙骗。

之前听朋友说过一件事，有一次她在十字路口等人，她前面有一个女孩在等红灯，一个小偷贴过去打算偷她的钱包，当时有人看到了，却没人站出来提醒女孩。朋友属于那种见不得人吃亏的性子，就朝着相反的方向大声咳嗽，女孩扭头看过来时，正好发现了小偷，这才免遭被偷。

朋友问我这样的做法是不是很正确，既可以装作什么也没看到，还可以帮助别人把小偷吓跑，保护自己的同时也帮助了他人。

还听同事提起过一件事，一天晚上下班时，天刚擦黑，她散步回家，边走边用耳机听歌。马路上人来人往，听着歌、看着过往的行人，感觉挺好的，正沉浸于美好的感觉中时，手机却突然没了声音。一摸口袋，手机没了，只剩下一根耳机线在外面晃悠，原来手机被偷了！

她第一反应是打量四周，发现这段时间内只有一个中年大叔从她身边走过，于是判定是对方偷了自己的手机。结果那大叔死活不承认拿了她的手机。同事说直觉告诉她，就是这个人偷了自己的手机，于是拉着这个人，不让他走，并告诉他手机是国产的，用了两三年了，希望可以还给她。在同事的坚持下，那个大叔最终将手机还给了她。

拿到手机后，同事的手里全是汗，别看她表面看上去柔柔弱弱，实属一枚"女汉子"。同事跟我说的时候，还扬扬得意。

面对小偷千万不要胆怯，"小偷偷东西本来就心虚，你若再唯唯诺诺，反而助长了他的嚣张气焰，肯定不会把东西还给你。"

但有一点要注意，作为女孩子，如果是一个人在僻静的地方遭遇小偷，最好不要与其针锋相对、穷追不舍，要学会冷静面对，以智取胜，量力而行，在保证自身安全的前提下去挽回损失。

02

小偷总是喜欢在拥挤的地方扎堆，因为这样他的形迹才不会暴露。一般人出门都喜欢避开混乱，避免拥挤，而小偷则是越混乱的地方，他们越喜欢去，那样才有机会下手。小偷最喜欢在公交车上下手，如果你在高峰期乘坐公交车，仔细观察，就会发现一些人只在车门处挤来挤去，他们并不上下车，只是趁着拥挤的空当出手偷东西；再或者你会看到一些人在前门挤上来，不会停留在车上，然后直接就从后门下车了，这些人十有八九就是小偷。

还有一些人明明车上并不拥挤，却喜欢紧贴在别人后面，他们这么做是想趁着刹车时，猛地贴在别人身上再顺手牵羊以达到偷窃的目的。

粗心大意的女孩喜欢将背包背在身后，还经常忘记拉拉链，走路的时候又戴着耳机，小偷最"喜欢"盯上这样的女孩。为了避免被偷，我们要懂得如何才不容易被小偷盯上。外出时，一定要注意保护好随身物品，不露财。

平时走在路上，我们要注意身边的小细节，不给小偷可乘之机。乘车时提高警惕，对车上那些吊儿郎当、眼光游离的人要加倍防范。即使在拥挤的时候也要保持清醒，把物品护在胸前，口袋内不要放贵重物品。

此外，还有一类女孩打扮比较惹眼——喜欢佩戴首饰、穿着暴露，也容易被有心的小偷"惦记"上，一不留神就会被偷。因此，在公共场所尽量穿着朴素，不要太过华丽。多了解一些生活常识，就能多加强一分防范意识，这样在遇到小偷时，就能明白如何才能更好地保护自己，远离小偷的伤害。

> **66 女儿，妈妈最想对你说：**
>
> 1. 小偷的脸上没写字，出门在外要留意身边的不速之客。
>
> 2. 遇到小偷不要怕，心惊胆战的应该是小偷而不是你，与小偷"过招"要量力而行。 **99**

传销，这个骗局并不遥远

01

说到传销，人们的脑海中往往会浮现这样的场景：一群人在一间简陋的屋子里上课，每个人都用渴望财富的眼神盯着讲台上的"老师"，一边被灌输着飞黄腾达的"迷药"，一边被限制着自由，各种荒诞不经的事情都可能在这里发生。

随着网络的发展，传销也脱掉了最初的外衣，渐渐被包装得"高大上"起来。最典型的就是打着电子商务的旗号，以网购形式进行传销活动，或者高举微商旗号，在朋友圈肆意招摇。

我不明白为什么总有人沉迷在传销的世界不能自拔。传销最初给人灌输的思想是发大财、挣大钱，不劳而获。自从传销出现20多年来，不断变换花样，虽然外表变了，但实质一直未变。深陷其中的人总认为自己在投资，这种投资能赚大钱，还能帮助身边的亲戚朋友，殊不知自己已被"洗脑"，中毒已深。

有人说只有愚昧无知的人才会相信传销者的胡话，错！现在传销组织中不乏官员、教授、商人，他们虽然有知识、有文化，但是幻想着自己能一夜暴富，所以会掉入传销的陷阱。

新闻曾报道过一个被警方破获的传销组织，这个组织中竟然有一位法学院的大学生，实在令人惊讶不已。这名大学生毕业于内蒙古大学法学系，并且还通过了司法考试。学法律的学生都知道司法考试非常难，对逻辑、知识能力的要求比普通人要高，这名大学生能通过司法考试这座"独木桥"，却没能识破传销的骗局，还劝亲朋好友来加入，多么可悲！

此外，还曾曝出一位官员深陷传销骗局，这位官员身上携带工作证，据说他已是第二次被骗入这个组织了。

02

人们对自己的亲友总是很信任，传销就是利用这一点将人们引进陷阱。我的一个朋友去北京游玩，谁知却与家人失联。原来她在北京有一个朋友，这位朋友以带她游北京为由，将她带到廊坊一个传销窝点非法拘禁起来。而这位朋友并非第一个被骗来的。

我还有一个亲戚，他和我差不多大，但在我 17 岁以后我们再也没见过，他初中毕业后，独自一人到北京找工作，期间与家人联系过，没多久就失联了，现在过了 10 多年了，一直杳无音讯。据说他被骗入了传销组织，或者已经被害了。

若没有这些真实事件，你是否认为传销只会出现在新闻中。你有没有想过，可能你出去见个朋友、出个门、面个试，都有可能被骗进传销组织。

03

如何避免陷入传销呢？

生活中我们总有一些亲朋好友，有些是好久不联系的，有些是一联系就和你谈"发展"的，如果出现下面这种情况，一定要多长个心眼。

1. 好久没有联系的同学、朋友突然给你打电话，邀请你去游玩或提出要你去帮忙；

2. 亲朋好友在外工作不久即表示外面有很好的机会；

3. 联系地址一般在不发达的地区或城市；

4. 与同学、朋友联系时表现得很高调，谈话中会透漏自己现在工作、生活都很好，结识了"贵人"，或有亲戚开了公司等信息。

学会一些防骗对策：

1. 外出时，无论到哪里，一定要把行程的主要情况、地点、时间告诉自己的父母、子女和可靠的亲属、朋友；

2. 时刻牢记"天下没有免费的午餐""防人之心不可无"；

3. 认清传销的特征：一是入门费，是否需要认购商品或交纳费用取得加入资格；二是拉人头，是否需要发展他人成为自己的下线。

若真的进入传销组织，该怎样脱身？

1. 外出的时候，注意周边环境和标示，比如路名、商店或主要建筑的特征。在传销人员带你外出的时候，寻找时机逃跑或报警求助；

2. 如果没有机会报警，一定要稳住，不能和传销人员硬碰硬，应取得他人信任后，伺机逃脱；

3.保持清醒的头脑，有的组织发现新人不能被洗脑也会主动放人。

❝ 女儿，妈妈最想对你说：

1.一定要树立风险意识，避免陷入传销骗局。

2.若真的被骗不要慌，想尽一切办法逃脱。

3.传销距离我们并不遥远，你一定要坚持自己的立场，不要轻易

被骗。

❞

身处危难，记住这些号码

前段时间和女儿一起去逛商场，打算给她多买几件换季的衣服。春日里花红柳绿，鸟语花香，让人感觉特别舒服。我们一边走一边聊天，很快就到了商场。

天气晴好，购物的人很多，有一家服装店挤满了人。在我们旁边站着一个和女儿年龄相仿的女孩，脸色看着有些白，好像在等人。

我们挤进去看了看，没有女儿喜欢的衣服样式，就出来了。而之前看到的女孩还在原地站着，好像生病了一样，我就多看了几眼。还没等我们走远，那女孩突然就倒下了，那家服装店突然安静了，只听周围的人发出一阵惊叫。

于是我们又返回去，周围的人也迅速围住了女孩，人们有些慌乱，也没看到与她同行的人站出来。有的人想扶起她，有的说不要乱动。

女儿此时拽了拽我，问我要手机，她用手机拨打了120急救电话，说明了情况。不一会儿，救护车就赶到了，女孩被顺利送到了医院。

因为抢救及时，女孩没有生命危险。女儿的举动，也让我大吃一惊。

生活中可能会出现一些紧急情况，或许是自己深陷危难，或许是身边人身处险境，不管哪种情况，我们都要保持冷静，及时拨打紧急电话。大家都知道，110 是报警电话，120 是急救电话，119 是火警电话，122 是交通事故电话。这些号码都是免费的，就算手机欠费，也可以拨打。但是，拨打这些紧急电话也是有讲究的，为了让身处危难中的人可以获得更好的帮助，也为了不时之需，不妨学习一下拨打紧急电话的技巧。

拨打 110 报警电话

许多人都知道在遇到危险或紧急情况时，可以拨打报警电话 110，但很多人都不知道它的主要应用范围，110 报警服务台以维护治安与服务群众并重为宗旨，除负责受理刑事、治安案件外，还接受群众突遇的、个人无力解决的紧急危难求助。以下情况都可以拨打 110 报警电话：

1. 正在发生杀人、抢劫、绑架、强奸、伤害、盗窃、贩毒等刑事案件时；

2. 正在发生扰乱商店、市场、车站、体育文化娱乐场所公共秩序，赌博、卖淫嫖娼、吸毒、结伙斗殴等治安案件时；

3. 发生各种自然灾害事故时；

4. 发生重大责任事故时；

5. 突遇危难无力解决时；

6. 要举报违法犯罪线索时。

在拨打报警电话的时候，需要特别注意以下几点：

1. 一定要在就近的地方，抓紧时间报警，越快越好。

2. 报警时要按民警的提示讲清报警求助的基本情况，并提供报警人的所在位置、姓名和联系方式。

3. 遇到歹徒袭击，无法报警时，要及时委托他人帮忙报警。

4. 无特殊情况，报警后应在报警地等候，除了营救伤员，不要让任何人进入现场。

5. 报警时一定要说清楚案件的性质，如歹徒使用何种凶器，以便警方派出不同的警种。

拨打 119 火警电话

发生火灾时首先要冷静，不要惊慌失措。拨打火警电话时有以下注意事项：

1. 在火灾发生的第一时间应拨打 119 火警电话，发现火灾及时报警，是每个公民的责任；

2. 火警电话打通后，应讲清楚着火地点，所在区县、街道、门牌或乡村的详细地址；

3. 讲清着火的是平房还是楼房，最好能讲清楚起火部位、燃烧物质和燃烧情况；

4. 报警人要讲清自己的姓名、工作单位和电话号码；

5. 报警后，应该派专人到小区或者街道路口等候消防车，指引消防车前往火场，以便迅速、准确地到达起火地点。

拨打 120 急救电话

打急救电话时语言必须精练、准确，重要的事一定要讲清楚，无关的话不讲，以免耽误宝贵的时间。在打 120 急救电话时一般要讲清以下几点：

1. 伤患者的人数、性别、大致年龄，以及你所了解的其他情况；

2. 危急的状况，如神志不清、昏倒在地，发病的时间、过程、用药情况，以及过去的病史与本次发病有关的内容；

3. 患者家庭或发病现场的详细地址、电话号码，或你的电话号码，以及等候救护车的确切地点，最好是在有明显醒目标志处；

4. 意外灾害事故还须说明伤害的性质和严重程度；

5. 把这些都说清楚了，有助于急救医生根据上述呼救内容，携带急救药品装备，准确及时赶到现场，迅速救援。

拨打 122 交通事故报警电话

1. 不要慌张，吐字要清晰、讲普通话，这样有利于接警人员听得明白，不会造成时间上的拖延；

2. 求助者或目击者应讲明事故发生的地点、伤亡程度及是否需要医护人员帮助等情况，以便公安交警部门采取相应的救援、处理措施；

3. 若遇到有人肇事逃逸，应讲明是驾车还是弃车逃逸及车型车号、逃逸方向等，这样可为交警追逃、侦破提供及时准确的信息；

4. 报案时还应说明是否造成交通阻塞，是否影响道路通行；

5. 因交通事故引起火灾的，应先报火警 119，再拨打 122 报警。

66 女儿，妈妈最想对你说：

1. 身处危难中，保持头脑清醒，记得第一时间拨打紧急电话呼救。

2. 无论何时何地，无论是谁身处危难，都要及时拨打紧急呼救号码求助。

与坏人对对碰，熟记防卫菜单

01

女孩天生柔弱，尤其是那些涉世未深的女初中生极易遭到坏人的"惦记"。女孩因被跟踪、尾随而遭遇抢劫、勒索、拐骗甚至是被性侵的事件时有发生。

记得我上初中时，有一天我和三个同学一起去邻村的溜冰场玩，那时候非常流行溜冰。我同学不知道怎么与一个小混混发生了争吵，然后她丢下我们自己跑了，留下我和另外两个同学在原地待着。那小混混追不上我同学就放弃了，反过来找我们的麻烦。他上下打量了我们一番，开始对我们三个动手动脚，想让我们陪他一起玩。我们吓得连忙往后退，那人就用一张凶神恶煞的脸吓我们，说话语气也很可怕，最后命令我们三个带他去找溜掉的那个同学。

我们当时完全被吓蒙了，傻傻地跟他走出溜冰场，往对面街道一个偏僻的胡同走去。过马路的时候，我突然警醒了，拉着另外两个同学就往人多的地方跑，最后终于摆脱了危险。

过了这么多年，对此事我依然记忆犹新。当受到恐吓的时候，人就会不自觉地就屈服于对方，脑袋也会呈现短路状态。对于女孩来说，在害怕的时候，大脑容易一片空白，失去思考能力，乖乖地按对方的指示做事。所以，如果遇到危险，千万要镇定，不要唯命是从。永远记住，别跟不认识的人去偏僻的地方，更不要相信他们所说的话。

02

走在路上很难分辨出谁是好人、谁是坏人，女孩独身一人时极易成为坏人的目标。如果不幸遇到了坏人，千万不要硬碰硬，既然我们无法和那些人拼力气，那就学会智取，从中寻得一线生机。那我们该怎样做呢？要用智慧和不法之徒周旋。

当我们面对身强体壮，且可能还携带有作案工具的坏人时，若盲目搏斗，可能会受伤，甚至会危及生命。所以，要尽可能地智取。我们可以假装很听话的样子，让对方放松警惕，寻找合适的机会再逃跑。

如果被坏人控制，不要灰心，观察周围环境，抓住一切机会想办法逃跑，哪里人多我们就往哪里跑，坏人害怕去人多的地方，一旦到了人多的地方，我们基本就安全了。若是不能逃跑，你也可以用你的眼神传递信息，注视着对方，以求助身边的人帮助报警解救出自己。

有些坏人是刚步入社会的小青年，并不是那种惯犯，他们没有那么凶残，若真的遇到危机，好好地跟他们聊一聊，或许会有逃生的机会。

当看到别人的生命财产正受到威胁，既要见义勇为，又要懂得见义智为。在确保自己生命安全的前提下，与坏人斗智斗勇，这样可以将伤害降到最低限度。

永远把保命放在首位

面对坏人，无论如何，生命永远是第一位的。如果与坏人正面交锋，可以先满足他的要求，然后想办法逃离；记住坏人的特征，以便事后报案。受到性侵后，一定要勇敢地站出来指认，以免更多的女孩被害。

夜晚最好不要单独外出，若一个人出门一定要备防狼喷雾剂、报警器……另外，为了避免被劫色，有时不妨装疯卖傻，做出呕吐等举动。

有的女孩性格刚烈，容易激怒坏人。如果我们身处险境，要学会收敛个性，不要出言激怒坏人，更不要强调自己记住了坏人的模样，这样有可能使坏人产生灭口之心，切记生命最重要。

平时就要了解预防手段

女孩出门尽量不要穿着暴露，如果坏人要抢钱，直接把包丢得远远的，然后趁机逃跑。乘电梯时要留意同乘者的动作，尽量不要单独和陌生人一起乘坐，可以等下一个或等人多的时候再乘坐。

平时我们也可以学习一些松绑技巧，如果坏人打算用绳子捆住你的双手，那就伸出手让他捆，在捆的时候两只手肌肉稍微绷一下，双手之间微微打开一点。即使他捆得再结实，等他一走，手一合一伸就可以松绑了。如果坏人从后背把你捆住，那么松绑就比较困难了。

66 **女儿，妈妈最想对你说：**

1.面对坏人的侵害，不妨使用一些"阴招"：咬手、踩脚、踢裤裆、抠眼睛。

2.一定要记住，钱财乃身外之物，生命安全最重要。

各种寻衅滋事，能走多远走多远

想必很多人都看到过，一群"无业游民"聚在一起，寻衅滋事，莫名其妙就打人。有些女孩子可能喜欢凑到跟前看热闹，结果让自己受到了伤害。为了自身安全着想，也为了防止受到伤害，面对各种寻衅滋事时，女孩们，能离多远是多远。

有时候，寻衅滋事的社会青年只是随机选择目标生事，女孩子上去围观凑热闹时，正好成为他们发泄的目标。我们应该如何让孩子远离寻衅滋事，不去凑热闹呢？

第一，教育孩子不凌弱

仅仅告诉孩子远离寻衅滋事，并不能阻止孩子去看热闹。应从小教育孩子不要欺负弱小，不要与那些喜欢寻衅滋事的人结交，寻衅滋事并不是解决问题的办法。

作为女孩子，应当洁身自好，远离女生暴力。学会思考与判断那些寻衅滋事者的行为影响。只有孩子认识到这种恶劣行为所产生的后果，她们才会远离那些有暴力倾向的圈子，当她们再看到那些欺负弱小的事情发生时，会主动提供必要的报警等帮助，而不是去凑热闹，只当个看客。

第二，告诉孩子寻衅滋事的危害

寻衅滋事是指在公共场所无事生非、斗殴、挑衅、骚扰他人或者毁坏公众财物、起哄闹事。一旦闹事者情绪被激化，可能会对周围人实施侵害行为，参与围观看热闹的孩子极易成为闹事者的"人质"。

此外，行人驻足观看闹事的行为，只会助长闹事者的嚣张气焰，从而促使他们加大破坏力度。寻衅滋事是一种犯罪行为，会对社会法治秩序造成破坏，若不加以制止，后果不堪设想。面对各种寻衅滋事，我们应当及时报警，主动远离，不去凑热闹。

第三，正确管理自己的好奇心

俗话说"好奇害死猫"，意思是我们不要对什么事情都怀有强烈的好奇心，否则，最终受害的就是我们自己。

并不是说对任何事物都不能有好奇心，对于有些危险的事情，我们应当正确管理自己的好奇心。对于那些危害社会、危害别人的事情，不要怀有好奇心，更不要去模仿那些欺负他人的恶行。

第四，正确处理寻衅滋事事件

当我们遇到有人寻衅滋事时，不要抱着"远离是非之地"的想法，若大家都对那些寻衅滋事分子的所作所为无动于衷，他们会更加肆无忌惮。若遇到寻衅滋事，不要冷漠对待，可以迅速找个隐蔽的地方躲起来，在确保自己安全的情况下，迅速报警，让警方来处理。

正确对待各种寻衅滋事，有利于打击那些破坏分子的嚣张气焰，同时也有利于防止事态进一步扩大。作为女孩，要学会在自己能力范围内做自己应该做的事情。

女儿，妈妈最想对你说：

1. 面对恶势力，在保全自己的情况下，应及时报警。

2. 若自己无能为力，不要因为好奇而去围观，尽量远离。

犯了错误，努力改正，不受人威胁与摆布

01

最近有个女孩一直跟我聊天，在沟通中我发现，这是一个对生活态度非常消极的女孩。

这个女孩刚上初中，性格比较内向、不合群。她觉得自己在班级里就是一个可有可无的透明体，走进走出都无人关注，和同学也总是格格不入，很难融入热闹的人群中。

她说自己没有朋友，她很自卑，和人说话永远不敢用正眼看人。其实她完全没必要自卑，她在画画方面特别有天赋。只是因为她性格太孤僻，周围的同学也不敢和她太亲近。于是她在网络中和一些陌生人交朋友、聊天，诉说着自己的不快乐。

她告诉我，她犯了错，而且这个错误让她很崩溃，不知该怎么办。事情是这样的。有一天上体育课，同学们都出去玩了，教室里就剩她一个人，看到前面同学的桌上有本素描书，她本来一直想借来看看，但碍于自己在班里

的人缘不好，就没敢开口。想到教室里没人，她心中产生了一个大胆的想法，便随手拿来翻了几页，还没来得及放回，就被班里的"调皮鬼"看到了。男同学误以为她在偷同学的书，便威胁她，让她帮忙写作业，考试要给他传答案等，若是不答应，就告诉全班同学她是小偷。

对于这个误会，性格孤僻、人缘不好的女孩很难解释清楚，女孩就这样一直被男生威胁、摆布，压力很大。我劝她尽早跟老师坦白，将事情解释清楚，相信那位同学也会原谅她，毕竟没有涉及人品的错误。最终，女孩鼓足了勇气，向老师讲述了这件事的来龙去脉，那位同学也原谅了她，男孩从此也不敢再找她麻烦。

我知道女孩天性柔弱，面对这样的误会，宁愿受人威胁与摆布也不敢站出来澄清事实。可是世界上没有人不犯错误，犯了错误并不要紧，只要努力去改正，就是可以被原谅的。

02

很多学生无法正视自己的错误，面临一句话就能解释清楚的事情时，却想着息事宁人，宁可被别人利用，也不愿说出实情。

成长的过程中难免会犯错误，在一个个美丽的错误中我们得以蜕变，得以汲取成长的养分，变得更成熟。孩子的心智成长少不了错误这种"养料"，只有经历过错误，才能一步一步朝正确的方向前进。无论是做人还是学习，错误并非坏事，我们应该勇敢地面对错误，要有承认错误、改正错误的勇气。如果一个人的成长中没有错误陪伴，那也是很大的遗憾。若把人生比作一张白纸，那么错误就是杂乱无章的涂鸦，没有涂鸦的白纸看起来将是索然无味的。

每个人都会犯错误，名人、老师或父母都会有犯错的时候，只要我们学会正确地对待错误，从不同的角度去分析，摆正心态，接受错误，然后改正，这样就能让自己成长和进步。犯错不可怕，关键是对待错误的态度。当我们能正视错误，并在错误中完善自我，离成功也就近了一步。

若是犯了错误后，还想着一味地隐瞒，那只会错上加错。犯错时被人撞见虽然十分尴尬，但也没必要担心自己的错误被曝光，即使曝光了，那也只是短痛，若一直委曲求全来隐瞒错误，只会增加自己的心理负担，让自己在错误的道路上越走越远。

每个人的人生都不是完美的，成长中的错误是我们追求完美人生的阶梯，我们只有改正所犯的每一个错误才有走向未来的希望。所以，不用害怕犯错，重要的是，我们要有勇气面对、改正，那样才能在未来遇见更好的自己。

女儿，一定要记住，人的成长是一个不断尝试、经历磨炼，不断接近完美的过程。只有经历了失败的痛苦，才能真正体会到成功的喜悦；只有从错误中吸取教训，才能变得更成熟。

❝ 女儿，妈妈最想对你说：

1. 犯错不可怕，一味地隐瞒才最可怕。

2. 若被人发现犯了错，我们应该大胆地站出来承认错误，不要受人威胁、摆布。

❞

"善意"要提防，"好人"的伎俩要识破

01

前些天，我在咖啡厅等人，看到一个大概五六岁的小女孩，独自坐在那里，好像也在等人似的。她一直望着门口，周围没有大人跟随。

出于好心，我便想问问她的情况。

"几岁了呀，小朋友？"我随意问了一句。

小女孩看着我，警惕地回答："我不认识你，阿姨。"

我笑了笑，接着问她："你是在等人吧？你知道家人电话吗，我帮你打个电话吧？"

小女孩回答："我不知道妈妈号码，也不知道我住哪里，我什么都不知道。"

小女孩的警惕心很强，我笑笑，不再说什么，只默默坐在她旁边。

过了一会儿，她妈妈来了，小女孩冲上去抱着她妈妈说："你再不来我就要给你打电话了。"

我逗她："你不是不知道妈妈的电话吗？"小女孩笑着说："我是骗你的，

我知道妈妈的号码，还知道爸爸的号码，我家住在哪里我都知道。"

她妈妈和我解释道："现在的骗子实在是无所不用其极，为了小孩子的安全，我们都不让她与不认识的人说话，虽然有时候显得不礼貌，可哪有父母不替孩子安危着想的呀？坏人太多了，防不胜防啊。"

我微笑着看着这对母女，父母的教育看起来对孩子的安全确实起了保护作用。毕竟孩子还小，防人之心不可无。

我作为母亲，也曾教育女儿要提防陌生人的"善意"，因为我们不能辨别哪些是好人、哪些是坏人，对于那些真正关心孩子的人来说，面对别人把自己的好心当作别有用心的事可能会很尴尬，但想必是可以理解的。不管怎么样，面对他人的好心与善意时，我们最好是礼貌地拒绝。

父母这样教育孩子有错吗？只能说情有可原。社会的"伪善"让人不得不防备各种不安的因素，人与人之间的信任度越来越低。也许是因为有些恶魔喜欢把魔爪伸向孩子才让父母这样教育孩子。告诉女儿如何提防别人的伪善确实是每个父母要认真思考的问题。

02

老人或孩子被"好心人"欺骗，这种事太多了，骗子装成亲切友善的样子，取得老人与孩子的信任，这是他们行骗的伎俩。我们无法迅速判断一个人是好人还是坏人，俗话说人心隔肚皮，你永远不知道他的真实想法，面对身边突如其来的"好人"，一定要提高警惕。

有人说生活在这个社会总觉得很孤单，生活中感觉不到任何烟火的味道。当我们心中满怀爱意，做出一个诚意满满的举动时，却换来的是别人的猜疑、不屑的眼神，在下一次时，你可能就不会不假思索地伸出援手了。现今社会中存在着一些不完美的现象，一些老师和孩子总是很容易被骗，他们是弱势群体，最容易相信他人，可社会的残酷常让他们感到心寒。

每位父母都希望自己的女儿有双火眼金睛，可以识别生活中的好人和别有用心的人。现今社会中的确存在着一些不完美的现象，容易相信他人的人也容易上当受骗。但是我们还是相信好人比坏人多，这是我们生活在这个世界的信念，因为善能吸善，恶会吸引恶，只要我们释放真正的善意，"伪善"就会失去立足之地，美好的东西才不会离开，身边的正能量也能一直传递下去。

> 66 **女儿，妈妈最想对你说：**
>
> 1. 不要轻易接受陌生人的"善意"。
>
> 2. 身边突然出现的"好人"要提防，不可全然相信。
>
> 3. 好人总比坏人多，只要我们心中充满爱意，身边就会发生暖心的事情。 99

第7章

走好每一步，
奏响安全的成长曲

还不是说"爱"的年纪

01

这天下班回家，女儿兴奋地跑过来，一边帮我拿拖鞋，一边帮我挂包，拉我坐到沙发上。然后一本正经地问我："妈妈，我问你点事儿，你可一定要好好回答哦。"

"好啊，什么事？"

女儿狡黠地笑着说："你上学的时候收到过男生的纸条吗？什么时候收到的？当时你是什么反应？"

面对她一连串的问题，还有那无比期待的小脸，我就勉为其难地给她"科普"了我那个时代的"八卦"。

"我记得上初三的时候，有一天早上，一坐到座位上，我就发现桌子抽屉里有一张纸条，外加一本笔记本。纸条上写着：我喜欢你，周六早上八点学校门口见，不见不散。我当时手一抖，被老师发现了，就乖乖把纸条交给了老师。老师拿着纸条对我说，安心学习。估计这样的纸条看多了，老师脸上一点惊讶都没有，然后就走出了教室。

"到现在我都不知道纸条是谁写的，不过那个笔记本和喜欢我的心意直到现在我都记得呢，感觉还挺美好的。"

女儿听得津津有味，也开始说起她们同龄人之间的事情。她说她们同学之间也传纸条或发短信，男生看上哪个女生，就直接说：我是某某，我喜欢你，我们做朋友吧。女生如果不喜欢那个男生，就会直接说：对不起，我不喜欢你！我问，那如果喜欢呢？她说，喜欢就在一起玩儿啊。

果真是时代不同啊，现在的孩子不仅早熟，还把男女生之间的交往看得如此平常、轻松，没有一点神秘感。

02

青春期的男孩、女孩因为生理发育，在心理上会对异性充满好奇和爱恋，这也是正常的。现在的孩子早熟，有的在中学阶段就已经开始了男女之间的交往。这些孩子大部分时间都生活在一个环境中，学习上互相帮助，或是经常嬉戏打闹，互相倾慕，日久生情。

有些孩子是为了"恋爱"而"恋爱"，他们心里其实根本不知道什么是真正的爱，就轻易地脱口而出。当然，这种爱来得快，去得也快，有一点不开心，可能就会"分手"转而寻找其他目标。有些深陷其中的女孩，身心可能会受到很大的伤害。

中学阶段的女孩子需要更多的关爱，作为父母，要多了解女儿的心理活动。如果孩子已经恋爱，我们可以告诉她，相处到哪种程度是最好的，逾越底线的后果是什么，让她自己去思考。孩子毕竟只是孩子，如果她不清楚怎样做，我们可以明确地告诉她。

03

说出爱，就意味着责任。真正的爱，不是轻易说出口的。很多发生在学生时代的爱，其实只是一种好感，甚至都谈不上喜欢。

大胆追求喜欢的人，这没有错。然而，一些女孩子只要看到帅气的男孩就说爱他！爱他什么？性格？人品？帅气的外表？这种仅停留于外表的好感并不会保持长久，很可能没多久就会消失了，所以不能轻易说出爱。

每个人都会遇到懵懂的爱，可它不适合在青春期这个土壤里生长，我们需要等待。美国曾经有一个著名的实验：研究院给 10 个孩子每人一块糖，让他们拿在手里，并告诉他们 3 个小时后才可以吃，发完糖老师就走了。3 个小时后老师回来，发现有 9 个孩子经不住诱惑吃掉了手里的糖，只有一个孩子还拿着那块糖。研究人员一直跟踪那 10 个孩子的成长，20 年后，他们发现那个没吃糖的孩子是最成功的，他已经成为一个企业的核心人物。由此可见，人只有经得起诱惑和学会等待才能成就一番事业，注定很难成就大事。

梅花香自苦寒来！梅花经过漫长的严冬，经过风雪的洗礼，才变得沁香无比。植物如此，何况人呢？经过等待和考验的过程，人生才会美丽。爱情也是一样，这颗种子只有在合适的时间，才能开花结果，否则很有可能会夭折。

学会等待吧，等待也是一种美丽，一切都会在等待中悄然而至。

> 66 **女儿，妈妈最想对你说：**
>
> 1. 青春期的好感不是爱。爱，不能轻易说出口。
>
> 2. 爱是一种责任，青春期的你还无法承担，所以需要等待。 99

处理好异性的示好，保留住一段友谊

青春期的孩子很单纯，对异性有着强烈的好奇心。常常有男生对我女儿表达爱慕，我发现她桌子下面有一个粉色信封，也知道那是青春期朦胧的喜欢，这多少让我有些担心。

有一次，我问女儿："喜欢被别人追吗？"女儿坏笑着说："他们很烦、很讨厌。"我又问她："有人追求你，你怎么回应呢？"女儿说："我最喜欢的就是逗他们玩，反正也不是真的。"

女儿的回答让我很担忧，看来她真的不清楚如何才能处理好来自异性的示好，我怕她掌握不好，最后闹得和异性连朋友都做不成。

女儿，你已经近十六岁了，正值青春年华，是一生最美丽的时候，今后你会发现周围有追随你、对你示好的男生，你要开始学会如何应对。

上大学时，我们班有个男生对我隔壁宿舍的一个女孩十分有好感，这似乎已经成为我们班公开的秘密。一个周末，是男生的生日，我隔壁宿舍的这个女孩约了我们两个宿舍的同学在学校食堂的小包间为男生过生日，顺便想给他个意外惊喜。

不知是谁嘴快，走漏了风声，男孩知道后，心里特别高兴。周末那天还买了束鲜花，想必是要对心仪已久的这个女孩表白。

女孩带我们早早到了包间，只见满桌子的菜，中间还摆着一个生日蛋糕。女孩特意嘱咐我们小点声，等男孩一进来，就给他个惊喜。

听着门外的脚步声，感觉越来越近了，想必这个男生当时也是特别兴奋，猜想着女孩肯定也对自己有意思，这次表白肯定会很顺利，于是激动地走进了这个小包间。

"生日快乐！"我们两个宿舍的女生一起喊道。

这个男生被吓住了，原本以为是甜蜜的二人世界，没想到被我们这群女孩给搅黄了，他手里拿的花当时都被吓掉了。估计当时男孩很失望，原本的计划就这样被破坏了。在当时尴尬的情景下，男孩勉强地笑了笑。

经过这件事，这个男生与我隔壁宿舍的那个女生似乎刻意拉开了距离，往日的友情也慢慢变淡了。

你觉得女生聪明吗？她不聪明，在我看来还很笨，不是智商笨，而是情商很"伤人"。她竟然没有察觉出来男生之前对她的关心和照顾是喜欢她，而且她的一些举动和做法让男生很失望。

如果不喜欢对方，就要懂得在最恰当的时间说出来，不要让对方越陷越深，这是我想说的。处在青春期的你，或许会面对来自自己不喜欢的男生的追求，即使知道他喜欢你，也不要和他没有顾忌地逗来逗去，你要大方地表明自己的态度，可告诉他："谢谢，我不喜欢你，但我们可以继续做朋友。"

记得在我实习的时候，有一个带我的实习老师，对我十分关照。我知道他是一位十分优秀的老师，有家庭、有孩子，我也能感觉到他对我很不一般。

这种感觉让我每天都不自在，想要逃离，但又不可能，因为需要一起完成实习。有一天，他邀请我陪他去接待上级领导，我不想和他单独相处，于是就给他发了信息：不好意思，我不能去，男朋友要来看我。从此之后，这位老师对我很尊重，我也没有了之前的尴尬。

欣赏有可能发展为爱慕，而爱慕的下一步就有可能是爱恋。作为女孩子，我们一定要懂得处理好与每个欣赏自己的男生的关系，除非年龄相当，你也真对他有意，否则，你要及时让他停住脚步，站在尊重的角度来维持彼此的关系，这样还可能保留住一段友谊。

女儿，如果今后你发现有男生对你有意思，你却不喜欢他，此时千万别逗他，也别吊人家胃口，更不要存心捉弄他，应该主动把话题引开或者巧妙地拒绝。

❝ 女儿，妈妈最想对你说：

1. 尊重自己的感受，同时也要尊重别人。

2. 如果感觉那个男生对你不一般，一定要明确自己的态度，不要伤了他也害了自己。 ❞

身体是最私密的财产，不要动手动脚

01

女儿小时候胖嘟嘟的，非常可爱，很多人见了都想抱一抱、摸一摸、亲一亲，甚至有一些陌生人也会因为喜欢而想要伸手去抱她、摸她。每次遇到这种情况，我都会礼貌地拒绝，为了这个，曾得罪过不少人。

幼儿园时小朋友们一起睡觉、一起玩耍，对男生、女生的概念不是特别清晰，到了小学阶段，性别意识渐渐强起来。记得那时候，女儿经常回来跟我说班上有个小女生，很温柔，可是有个不好的习惯，总喜欢跟人亲亲，说长大了要跟谁谁结婚，真是让人哭笑不得。

女儿小学一年级时，一次我去女儿学校的舞蹈班观摩，看到有两个女生一左一右地搂着我女儿，每人在她小脸上亲了一口。在她们的意识中，这也许只是一种表达友谊的方式，并不代表着什么。女儿还时常告诉我说，有的男生进女生厕所，女生进男生厕所，我也把这当成他们的好奇好玩而已。

从小我就一直给女儿灌输"有了小秘密要告诉妈妈"的观点，听她给我讲学校的故事，毕竟从她上学后，一天有很长时间不在我的视线范围内，我不知道在她身上发生了什么，担心有些事情会影响她的一生。所以每次她给我讲学校的趣闻，我都会认真地听，从不轻易地批评和否定她。

一次上班的路上人来人往，我看到一个六岁左右的小女生站在台阶上撩起衣服，露出小屁屁，蹲下小便，她妈妈就站在旁边。往前走几步就是麦当劳，我不知为何这位妈妈要让小孩蹲在路边小便。妈妈应该从生活中的小事抓起，让孩子知道，身体是一种隐私，不能让别人看，要让女孩明白羞耻心的重要性。

02

近来看到一则新闻"10名初中男生强吻一女生，还拉拉扯扯不断讥笑"，这则新闻迅速在网上引起热议。多名穿校服的男生轮流亲吻一名同样穿着校服的女生，被吻的女生全程掩面，显得极不情愿，但却没有任何反抗的举动。

有人说只是接吻，又没有其他危险的举动，只是亲密接触一下，或是抚摸一下身体，这有什么大不了的？这是多么可笑的说法！

作为女孩，我们与人交往一定要学会自重自爱，只有自重自爱的人才能得到别人的尊重。我们不允许任何人亲密接触、抚摸自己的身体，这个原则从小就要遵守，学会礼貌拒绝别人的亲密动作，还要巧妙避开别人抚摸自己身体的举动，好好保护自己的身心。

女儿，你在以后的生活中会遇到形形色色的人，也会遇到很多的诱惑，如果缺乏自律，那么诱惑这只无形的手就会紧紧抓住你，让你失去自尊，使你不能自爱。

青春是一首浪漫的诗歌，女儿你要学会自尊、自重、自爱，做个健康快乐的女孩。

03

女儿，不管你是面对同龄的异性还是成年异性，都要学会自律，交往要有尺度，别让异性小瞧了自己。要时刻懂得保护自己的隐私，做自己身体的主人，不要让别人对你动手动脚。

懂得自尊、自重的女生才能得到别人的尊重；懂分寸的女生，才有可能获得男生的欣赏，"可远观而不可亵玩"；懂得自尊、自重的女生，不仅能保护自己，还能获得他人的赞美。而那些不懂得自爱、自重的女生，只会让男生更加轻视。

父母给孩子最好的教育，是授之以渔。教会孩子自尊自爱自重，是父母给孩子最好的礼物。只有孩子爱自己了，才能在各种诱惑与选择面前，做出正确选择，就算偶尔产生一念之差，也能及时自省。

作为女孩，自尊自爱自重很重要。只有这样，才能成为一个积极的人，才会拥有健康的生活与快乐的人生。

❝ 女儿，妈妈最想对你说：

1. 女孩要从小学会保护自己，被陌生人触摸时，一定要大喊："不要摸我。"

2. 青春期的你，与男生交往要保持距离，懂得自尊、自重和自爱。 ❞

初吻，你要献给谁

01

最初的爱情是最纯洁的，最初的吻也是最难忘的。每个女孩都有关于初吻的回忆，那一刻，也许是甜蜜瞬间，也许是轻轻地接触。但那一定是人生中最美的回忆。

如果随便亲亲算是初吻的话，每个人的初吻都是给了自己的爸妈。什么是初吻？初吻的含义又是什么？初吻并不是指第一次与异性接吻，而是指在人发育时或青春期及以后的第一次与异性接吻。初吻是人类主观判断逐渐成熟的一种行为，通常也指第一次与爱慕者接吻。

每个女孩儿都会幻想自己的初吻，那该是多么的幸福与甜蜜。每个女孩儿都很期待那美好一刻的到来，希望把自己最纯洁的初吻留给自己最爱的人。

我曾经也对初吻充满过想象，想象着那应该是我人生中最浪漫的时刻，天真的我曾无数地幻想过每一个细节，感受着心率的悸动。因为我相信那将是一次心花怒放的过程。

我曾暗暗发誓，一定要把那最美好的一刻留给能与我携手白头的男孩儿。可惜，这样的愿望并没有实现，从此那些天真的幻想消失得无影无踪。

02

此时的女儿和年少时的我一样，希望将初吻献给自己最爱的人。初中对于少男少女来说是一个懵懂的季节，初恋的滋味是美好而酸涩的，但未来的路还很长，我不希望女儿在此时过早地恋爱，而是先好好学习，我希望她可以等待，因为完美的爱情就是在对的时间遇上对的人。

吻是表达爱情最直接、最动情的方式。因此，对于青春期的女孩来说，在还不什么是真正的爱情的时候，不宜轻率地与异性接吻。

初中时期男生女生之间的友情是美好而纯洁的，虽然其中会夹杂着一种很深的情感，甚至会让人产生幻想，分不清是友谊还是爱情，但这种意识与真正的爱情并不是一回事。这个年龄段并不是收获爱情的季节，如果两个人在此时接吻了，就会使双方的友情变了味儿。在青春期投入大量精力去营造一段并不成熟的感情，就如同在泥沙中建立城堡一样，一点都不牢固，或许一阵狂风就能击垮。

初吻是美好的，也是人生中最值得珍藏的情感表达方式，初吻应该献给自己真正所爱的人，让它成为你一生中最美好的回忆。

接吻是爱情的表达方式，是爱和责任的承诺，稚嫩的学生根本承担不起这份"爱"的厚重。此外，接吻也是一种性行为，如果处理不好很容易感情失控，做出让自己悔恨终身的事情。

一般男孩会主动提出亲吻女孩，他们往往很难把持住自己，甚至强行或通过制造浪漫氛围的方式来达到目的。作为女孩，一定要把握主动权，明确表达自己的意愿，绝不迁就对方。

初吻可能很美好，也可能是一场梦魇，还处在学生时代的你，不要让初吻破坏掉纯洁的友谊。初吻，是美好的，也是神圣的，请将它珍藏给真正爱的人。

> ❝ **女儿，妈妈最想对你说：**
>
> 1. 初吻，是纯洁的，也是美好的，请将它珍藏给自己真正爱的人。
>
> 2. 青春期的早恋，或许是苦涩的。面对狂追自己的男孩，不要轻易献出自己的初吻。 ❞

追星没有错，但是不要迷失了自我

很多青少年都有喜欢的明星偶像，其实追星并不是一件坏事，它可以让人在心目中树立起崇拜的对象，并以他们为榜样，努力追求属于自己的广阔天空。

01

现在的女孩子都喜欢帅气俊朗的男明星，如鹿晗、吴亦凡、杨洋、TF-boys等，而 TF-boys 的成员正处于青春期，所以非常受少男少女们的喜爱。这个组合的三个成员拥有俊朗的外形、较棒的唱功和舞蹈功底，粉丝数量庞大。无论是男孩子还是女孩子都将他们当成偶像，暗暗努力让自己变得和他们一样优秀。

我知道女儿喜欢 TF-boys 组合中的王源，但没有想到她喜欢的程度到了不可控制的地步。这天，女儿在自己的卧室写日记，忽然肚子痛，匆忙去了卫生间，没来得及合上日记本，我恰巧经过，看到了她写的内容，她有两个人生目标：第一，努力学习考个好大学；第二，要做王源的女朋友，将来和他结婚。我正想着要如何引导她理性地追星，她就回来了。

对于我的一番劝导，她显得很生气，理直气壮地说："想做王源的女朋友有错吗？"

"没有错啊，那能有什么错，我年轻的时候还喜欢刘德华呢！我们那个年代喜欢刘德华的女孩子都可以绕地球一圈了。可你想想，做他们的女朋友谈何容易？"

"但是总会有一个人脱颖而出，我相信我可以的。"

"跟你说，我小时候也追星，尤其是帅哥明星。"

"我就喜欢王源，我很专一的。"

"你现在还是学生，首要任务是学习，你写的第一个人生目标不是考个好大学吗？你不学习怎么能考上好大学呢？"

"不要跟我讲大道理，这些我都懂，我会兼顾的，不会丢掉学习的。"

"那好，我们就此约定，可以喜欢王源，但学习不能丢下。从今天开始，你要努力学习来打败其他喜欢王源的女孩子。"

"一言为定！"

02

处于女儿这个年龄段的女孩子比较容易喜欢长得帅的男明星，视明星为崇拜偶像，她们会关注着明星，并且形成一个个追星的圈子的一举一动。其实理智追星没有什么不好，因为爱好一致、目标一致才能形成这种独特的社交圈，在一定程度上可以弥补孩子在学校社交能力不足的弊端。孩子可以根据自己的兴趣和个性来选择喜欢的明星，期待自己和偶像一样能发光、发热。但凡事总要有个度，如果盲目崇拜，超过了正常尺度，不仅耽误学习、浪费钱财，还容易迷失自我。

一位初中女生在学校遭殴打，究其原因竟然是因为双方支持的偶像不同而产生了分歧，进而引发群殴。一直在网上蹿红的"虹桥一姐"想必大家都知道，这个 1998 年出生的女孩，不辞辛苦地在虹桥机场蹲点，只为要到明星的签名照与合影。这个疯狂追星的女孩，小小年纪就辍学，没有工作，天天守在机场，经常拦截各路明星，索要签名、合影。很多人说这个女孩不是某位明星的忠实粉丝，而是明星群体的粉丝。让人想不明白的是，小小年纪的她为何如此疯狂，她却说"追星是我解压的一种方式，给我寄托和快乐""世界上只有明星对我是最好的，只有在明星身上我才能感觉到温暖"。这样畸形的追星行为，是没有任何可取之处的。

喜欢明星是少男少女生理、心理发展的一个现象，每个人都会有自己崇拜的明星偶像。现在的孩子对明星的崇拜大多掺杂有一种虚荣、浮华，甚至有些不切合实际。

我们可以喜欢偶像，但不要盲目地追随，偶像也是普通人，也会犯错误。就算偶像做错了事，也要承认错误、改正错误，他们所做的一切不可能全是对的。只有你学会用批判的态度来面对心中的偶像，你才能真正地长大、成熟，才能在现实中超越偶像。

❝ **女儿，妈妈最想对你说：**

1. 对待帅哥明星，要用一种审视的态度，不可盲目崇拜。

2. 马克思说过，伟人之所以伟大，是因为我们跪着。面对明星，我们应该站起来。

3. 你有崇拜偶像的需求，但我希望你可以理智一点，把这种崇拜转化为向上的动力。
❞

青春期的"爱情"，青涩的果子摘不得

01

去接女儿放学回家，站在学校门口，看着朝气蓬勃的男男女女从我面前走过，不禁让我想起我的学生时代。他们这个年龄，是人生中最美的时刻。接到女儿后，她在路上给我讲了一些发生在学校的事情。

我像听故事似的听她说着。她告诉我，她发现了一个惊天的秘密——班上的有些同学因为深入了解的原因，走得越来越近。

我心里想着，现在这个年纪的孩子受太多言情剧的影响，被过早地灌输了爱情的思想，导致性意识过早成熟。

女儿说，在班里经常有男同学直接说出自己喜欢谁，也有玩得好的女同学告诉她觉得某人很好，还有一些人会对班上的某对男女同学起哄。

女儿突然回过头来，像个小大人似的问我：什么是真正的爱？衡量爱的标准又是什么？身边关系不错的同学，喜欢他的优点或张扬的个性可以称作爱吗？

我告诉女儿这不是爱，只是异性之间的吸引而已。

我问，班上有人喜欢你吗？女儿机智地回答我："学习是我现在唯一想做的事情，老师说过，初恋是青涩的果子，现在不宜摘，需要等待，农民伯伯都会摘成熟的果子，因为成熟的果子才会甜。"

02

在青春期如此美好的时光里，渴望憧憬爱情并没有错，但是青涩的果子摘不得。总有一些男孩女孩把持不住自己，偷食禁果，给自己的人生造成无法挽回的伤痛和悔恨。

初二少女怀孕 5 个月竟无知觉，直到体检才被查出；15 岁女孩在医院的厕所中产下男婴；16 岁女生被家人送到医院引产、上环；还有一些人直接穿着校服去医院做人流……诸如此类的事件是频繁见诸报端。

看了这么多刺眼的新闻，我很心痛。年少的女孩们，应该把握住美丽的大好青春，去做该做的事。即使心中有爱，也要学会守住那份青春的纯真，让自己的青春无悔。不要一失足成千古恨，为了一时之乐而让自己陷入危险之中。

青春期的"爱情"，就像长在树上的青涩的果子。如果因为好奇而采摘下来，品尝的时候就会发现它是苦涩的，可那时后悔也来不及了。它原本就不成熟，你摘下来，让它离开了孕育它的树木、滋养它的阳光雨露，它怎么还有机会真正成熟呢？

成熟的果子是甜的，这谁都知道，采摘果实的人都会选择成熟的。青春期的孩子都未成熟，所谓的"爱情"仅限于对异性的好感，未必能长久。女孩一定要保护好自己，尤其是不要轻易采摘青涩的"禁果"。

66 女儿，妈妈最想对你说：

1. 青春期的喜欢并不是真正的爱，爱是一种承诺责任。

2. 女孩无论在何时都要保护好自己，不做让自己后悔的事。

99

性骚扰、性侵害，成长的血泪

性侵，一直是一个大家都关心的社会问题。从幼儿园开始，一直到长大，女孩被性侵的事件屡屡发生。以前由于受传统观念的影响，此类事件的受害者及其家人大多选择沉默，从而让那些犯罪分子逍遥法外，更加有恃无恐。现在人们渐渐明白，如果不站出来，将会有更多的女性被骚扰、被侵害，为了自己，也为了他人，面对性骚扰、性侵害，我们要勇于揭露。

01

在我上学时，我们班有个特别胆小的女同学，她每周末放假都要挤公交车回家，车上人很多。有一次，她在公交车上遇到了色狼。可她不敢声张，只是一个人默默地走开了。回到学校的时候，她很尴尬地把这件事告诉了我们。当时我们非常气愤，问她为什么要放走那个变态，为什么不反抗？可她觉得这件事不太光彩，没必要在众目睽睽之下与对方争执，万一报了警，遭到对方报复，那样就很不划算了，她认为只要自己以后多加小心就可以。之后，那位女同学只要坐公交车都会非常小心翼翼。

生活中总会遇到一些变态，专挑弱小群体，尤其是女孩下手。如果被欺负的你只是选择默默忍受，那么对方会觉得你好欺负，反而更加放肆。只有勇于反抗，懂得保护自己，别人才会有所畏惧。

后来，我也渐渐地明白了她不反抗的理由，生活中，有太多性骚扰、性侵害事件，女孩在被骚扰、被侵害之后大都会选择息事宁人，不再计较。有些女孩认为，只要自己心知肚明，以后多加小心、提高警惕就可以了，不必为了小事而惊动警察。但是，面对性骚扰和性侵害，我们绝不能退缩，要勇敢地站出来，让其他女孩免遭毒手。

02

我大学时的舍友月月，现在是一位时尚白领，每天都会精心打扮自己，不化妆坚决不出门。月月是个很独立的女人，而且她非常自我，敢于挑战，从不轻易妥协。去年年底的时候，她遇到了性骚扰问题，她的反应让我暗暗佩服。

月月的领导一直很欣赏她，看她一个单身姑娘在北京闯荡很不容易，总想帮助她。月月不知道领导对她的关心照顾还夹杂着别的用心。领导的为人在公司人尽皆知，明明有妻有子，还总拈花惹草，甚至觉得有点钱就可以呼风唤雨，让女孩们都为之倾倒。后来了解到领导的为人后，月月不想和领导有过多的交集，尽量和领导保持距离，不想和他有任何瓜葛。

直到后来，领导居然拿工作来要挟她，甚至还说，如果月月不服从安排就立刻开除她，让她以后不能在这个行业立足。开始月月非常害怕，选择忍气吞声，换来了工作的一时宁静。但转念一想，这有什么可怕的，自己又没有做错什么，凭什么被要挟？虽然这份工作来之不易，但人得活得有骨气。

月月心想："此处不留爷，自有留爷处；处处不留爷，爷爷家中住"。

月月坚信，就算离开，也能活得很精彩。于是月月毫不犹豫地递交了辞呈，她没有因此而失去自我，当然那个领导也不可能阻止月月成为一名优秀的白领。

我对月月由衷的敬佩。人越害怕就越容易受到伤害，只有勇敢地做自己，才不会被别人利用。月月的经历对我影响很深，做任何事，我都会认真思考。

03

现在的小孩在幼儿园阶段都有可能遭遇侵害，这让做父母的都很担心。我觉得我对女儿的自我保护教育是比较有成效的，她的确做得比我想象中的好。

前不久女儿所在的班级换了个数学老师，而且是特级教师，德高望重，平时个人作风方面非常好。女儿的好友晓晓数学成绩不太好，成绩总提不上去，她妈妈就邀请这位老师到家里给晓晓补习。可是这位老师总会趁着补习的时候，有意无意地对晓晓进行一些身体接触。晓晓也说不上哪儿不对劲，但就是感觉很不舒服。于是她就把自己的感受告诉了妈妈，可她妈妈却断定是晓晓不想上课才故意这样说的。晓晓很郁闷，便将此事告诉了我女儿。

女儿对晓晓说："老师是我们敬爱的人，好人做了坏事就不是好人了，老师是应该受尊敬，但做了坏事，就失去了受尊敬的资格。他再对你动手动脚，你可以对他不客气，实在不行，我就去你家陪你一起补习。"

女儿的处理方法，我表示很认同，面对处于困境中的朋友，她没有置之不理，也没有退缩，而是选择与朋友一起面对，共同解决问题。晓晓提议让女儿和她一起补习，老师明白了孩子的用意，后来再也没有发生过以前的事情。

生活中，很多事情的发生，是孩子无法控制的，他们幼小的心灵还无法承受更多。但我们可以告诉孩子，不管发生什么，他们都有机会重新开始，回到正常的生活中去。勇敢地面对过去，没有必要自卑、内疚、羞愧或把自己封闭起来。

" 女儿，妈妈最想对你说：

1. 面对骚扰和侵害，要勇敢地站出来说不，妈妈永远是你最坚强的后盾。

2. 老师是值得尊敬的，但做错事也同样要接受批评，作为学生不能一味沉默。**"**

离家出走，最不明智的行为

01

最近总听朋友抱怨，说现在的孩子真难养，尤其是青春期的孩子，说不得打不得。只要你开口说她，她就有无数个理由在等着你。什么别人的家长怎样怎样啦，不尊重她的个人隐私啦……一言不合，就要离家出走。

我作为普通的家长，面对孩子做错事时，也是恨她不听话。看着最近孩子离家出走的新闻频出，我也很揪心，和女儿相处总是小心翼翼，生怕说错哪句话就会触碰到她那根叛逆的神经，导致她离家出走。

我有一个十分要强的朋友，她教育女儿时，总认为自己的做法是对的，一切都是为了孩子好。她总是担心她孩子的学习成绩，只要成绩一下滑，就会找原因，拿别人家孩子做比较，导致她女儿的精神压力很大。可作为朋友，我也不好多说什么，只能默默地改变对我女儿的教育方式。

我有时也在分析，是什么导致孩子有离家出走的念头。青春期的孩子是有些叛逆，她们有自己的思想，同时又希望得到父母的肯定。如果经常打击她，既伤害了她的自尊心，又会让孩子觉得自己的爸爸妈妈都不理解自己，久而久之就会从心底产生敌对情绪，从而不能走进她的内心世界。一旦跟孩子发生争吵，情绪飙升到极限的时候，就会使孩子产生逃离这个家的冲动。

青春期的孩子有了独立的意识，喜欢按自己的想法行动，与父母发生争执后，不假思索地离家出走，其本意并不是真正地离开家，而是想以此种方式来惩罚父母。

可是，孩子你要知道，你这样做，不仅是将自己置于危险的境地，也伤了父母的心。虽然离开了家，暂时有了自由的空间，但远离了父母、同学、老师这些对你来说最重要的人，是不是得不偿失呀？

02

我女儿现在也有些叛逆，就像她说的："不是每个女孩都想要离开家，离开父母，是父母真的不理解我们。父母一直把我们当小孩，当成考试的机器，只要考得不合你们心意，没有别人考得好就不停地唠叨。我们也知道自己没考好，心里已经很难过了，回到家希望得到的是安慰，却没想到换来一堆的埋怨。"

是啊，尽管有些孩子会萌生离家出走的念头，但并非都是心甘情愿走出这一步的。身为父母的我们，是否也要反思一下，是否考虑过孩子的感受，是否我们也有做得不对的地方？

试想一下，我们有多久没有和孩子交流了，有多久没有陪她们玩耍、学习、说心里话了？除了关注孩子的生理需求外，我们是否应该多观察一下孩子的心理变化呢？因为青春期的孩子都是情绪动物，她们往往是通过发泄行为来宣泄自己的情绪。

有人说过："要想知道孩子眼中的世界是什么样子，你得先蹲下来，从孩子的位置和高度去看世界。"如果想走进孩子的内心世界，首先要和她们做朋友，不要总是以我是过来人的理由，企图用大道理来教育她们，那样只会适得其反。放下身段用心去倾听孩子的声音，就会明白，现在的孩子也面临着各种压力，已经与我们那个时代不同了。

天底下没有有问题的孩子，只有有问题的父母。孩子离家出走，并非只是孩子的错，毕竟她们还是孩子，涉世未深，心智也尚未成熟。适当地给孩子一些压力是好的，但也要了解孩子的抗压能力，不要适得其反，造成孩子离家出走的悲剧。

女儿，妈妈最想对你说：

1. 离家出走，是最不明智的行为。

2. 乖孩子不是逆来顺受，妈妈以后也要站在你的角度多想一想。

艾滋病，不得不说的问题

一提到艾滋病，人们就会联想到一大串不好的词语，性滥交、一夜情、吸毒等。从事色情行业的人最容易感染艾滋病。所以，一直有"谈艾色变"的说法。

01

艾滋病（HIV）是由"人类免疫缺陷病毒"引起的，是病毒侵入人体后通过破坏人体免疫功能，使人体并发多种不可治愈的感染和肿瘤，最后导致被感染者死亡的一种严重传染病。由于艾滋病的潜伏期较长，症状难以辨别，几乎是在无意识中被迅速传播。

目前据统计，女性是艾滋病的高危人群，青少年尤其是青春期少女，很容易成为艾滋病病毒的受害者。青春期少女的阴道黏膜极薄，经不住摩擦，极易被细菌感染。如果过早有性行为，或与 HIV 阳性的男性性交，不成熟的阴道黏膜和子宫颈，就不能提供对抗 HIV 侵扰的屏障。另外，不健康的性行为也会破坏阴道中正常的微生物菌群，从而引发一些特异性感染，如阴道炎、子宫内膜炎、输卵管炎、盆腔炎等，这些又为艾滋病病毒感染创造了条件。

网络的快速发展，不仅拉近了人与人之间的距离，也导致了很多有悖道德的事情。有些女孩为了满足自己的虚荣去傍大款，也有一些女孩为了一己私欲出卖自己的身体。有了各种约会软件，耐不住寂寞的男女往往对一夜情很是憧憬，但他们却不知道如何保护自己，只要对方看上去身体健康，就毫无戒备的与其发生关系，一次、两次，逐渐发展为滥交。

最让人可怕的是，有些人觉得自己被传染了艾滋病是别人造成的，于是他们放弃到医院治疗，而是继续寻找一夜情，把病毒散向社会，以此来达到报复社会的目的。

02

艾滋病病毒主要存在于艾滋病病毒携带者和艾滋病病人的血液、精液、阴道分泌物和乳汁中，偶尔也可在其他的体液中发现，如唾液、眼泪、尿和汗液等。现已证实艾滋病病毒传播途径有三种：

第一，性传播。75%的艾滋病病毒感染者是通过无保护的两性性行为和同性性行为而感染的。

第二，血液传播。5%的成人感染者是通过静脉吸毒，3%的是通过输血或使用血制品而感染的。其他的像注射器、针头、手术器械、口腔科器械、接生器械消毒不彻底或不消毒可造成医源性传播。日常的理发、美容用具、浴室的修脚刀不消毒或与他人共用剃须刀、牙刷等也能引起感染。

第三，母婴传播。受到艾滋病病毒感染的孕妇，可通过胎盘或分娩时通过产道将病毒传给婴儿。

面对携带艾滋病的感染者无须恐惧，以下途径的接触并不会感染艾滋病：

第一，食物、空气、水。

第二，公共场所的一般性接触，如：在一个教室上课，各种交通工具的座位、扶手，办公室的办公用品，工厂车间的工具，在影剧院、商场、游泳池等场所的接触。

第三，礼节性接吻。

第四，礼节性拥抱。

第五，握手。

第六，公用马桶、浴缸。

第七，蚊虫叮咬。

第八，纸币、硬币、票证。

如果说艾滋病可怕，那么对艾滋病无知更可怕。只有真正了解到艾滋病的相关知识，才能正确地去保护自己，不让自己误入险境。

66 **女儿，妈妈最想对你说：**

1. 对艾滋病一定要了解，不可让无知害了你。

2. 作为女孩，不能放纵自己，不能让自己误入危险的境地。

99

受了委屈，不自残、不自虐

01

上周我们几个好朋友聚会，有个朋友是中学老师，她吐槽说现在的孩子很难教，家长也不理解老师。她说她们班有个孩子性格十分内向，不愿跟同学说话，也不喜欢和老师交流，更别提回到家是否和父母谈心了。

作为父母，如果不能和孩子交心，你将永远不知道她那小脑袋里想着什么。她会把事情藏在心里，等时间长了，慢慢堆积，到达一定程度时，可能就会对孩子的心理造成伤害。

朋友劝我多了解一下孩子的心理需求，不要只顾着忙工作，处于青春迷茫期的孩子，很容易做一些让人震惊的举动。

听了朋友的劝说，我才发现现在当老师的真不容易，不仅要抓学生的学习成绩，还要关心学生的心理问题。现在的孩子，不缺吃穿，但他们的心理需求却得不到响应与满足，从这一点上说，他们是孤独的成长者。

02

朋友所负责的班级有个女孩子，平时不爱说话，在班里没什么朋友。但除此之外也没有发现其他异样。可是她妈妈却打电话和老师说，孩子对自己非常"狠"，甚至可以说是到了残忍的程度。

原来，这个女孩身上时不时有些伤痕，妈妈一开始以为她在学校受了欺负，后来才知道是她自己用小刀"自残"的。朋友马上进行了一次家访，才了解到这个女孩不为人知的一面。

朋友与孩子的母亲见面后，沟通了孩子在学校及家庭中的表现后，朋友了解到孩子的妈妈只关心孩子的学习成绩，从不过问孩子的想法和感受。孩子在学校没有朋友，回到家没人关爱，受了委屈只能自己憋在心里。她觉得很孤独，没有人真正关心她，伤心难过的时候也不知道找谁倾诉。心里憋得慌的时候，就只能通过伤害自己来宣泄。

孩子自残多数是因为积累在心中的不悦得不到舒缓，没人可倾诉，不被理解，不被信任，不被尊重。受了委屈后，找不到合适的排遣方式，就只能对自己下手，以伤害自己的方式来得到心理安慰。

03

为什么在父母、老师眼中的乖孩子会有自残自虐的倾向？

有人说现在的孩子之所以变得如此脆弱，根源在于家庭教育。放眼看去，现在的父母哪个不注重孩子的教育，我亲眼看着一对对父母如何为了孩子的前途奔波劳碌；亲眼看着为了让孩子不输在起跑线上，父母和老人不顾劳累，周末准点把孩子送进各种各样的培训机构和辅导班；亲眼看到有些父母为了孩子在学校能被老师照顾而卑躬屈膝……

然而，孩子成长所需要的心理滋养，我们却忽视了。父母对孩子的要求过高，并未真正地倾听过他的心声。

我依稀记得自己在青春期的时候，几乎从来没和父母谈过心，父母也很少和我谈学习之外的事情。记得有次语文作业是写父母之间的爱，本想着回家问问妈妈当初为何会嫁给爸爸，但话到嘴边就是说不出口，那时总觉得我和他们之间隔了一个时代的距离。

现在作为母亲，明白了该如何与女儿谈心，在她这个年纪该怎样适当地讨论她要面对的问题。比如，女儿小时候，为什么害怕与生人相处；稍大一些，为什么不喜欢和男同学同桌；到了现在的青春懵懂期，为什么喜欢那个帅气阳光的男孩，等等。

其实，现在的孩子很喜欢和家长谈心，但是在面对家长不耐烦、不喜欢听他讲事情时，他的积极性就没有了，时间一长，就会变得越来越不爱说话，越来越沉默。

我们真的应该停下来，耐心听听孩子的心里话，让家成为他放松身心的地方。

04

作为家长应思考一下孩子为什么受了委屈会自残甚至自虐。可以肯定的是这些孩子缺少爱，内心缺乏安全感。孩子在小的时候，能感受到爸爸妈妈全部的爱，随着渐渐长大，爸爸妈妈关心得少了，他就会产生错觉："爸爸妈妈是不是不再像小时候那样爱我了？"有的孩子在和父母斗气后，感觉委屈，就会通过自残来惩罚父母。

如果你看到孩子伤害了自己，首先一定要恰当表达你对她的爱："你受了伤，妈妈看了很心疼……"由此慢慢解开孩子的心结，而不是埋怨孩子。

我们应该多关心女孩的内心世界，培养她的兴趣爱好，对她多加赞美，增强她的自信心，给予她安全感。让她打开心扉，找到属于自己的朋友，在明媚的阳光中快乐成长。

❝ 女儿，妈妈最想对你说：

1. 受了委屈一定要说出来，不要憋在心里，委屈只有说出来才会慢慢消失，妈妈也才放心。

2. 如果妈妈在某些方面做得不好，你可以和妈妈沟通，千万不可通过伤害自己的方式来惩罚自己和父母。

❞